心動瞬間！
# 大人色の拼布日
### 43個外出必備的優雅拼布包

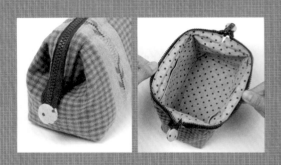

心動瞬間！
# 大人色の拼布日
43個外出必備的優雅拼布包

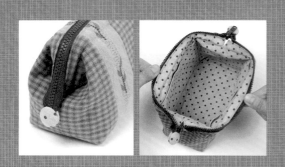

心動瞬間！

# 大人色の拼布日

### 43個外出必備的優雅拼布包

# CONTENTS

● 本書為《おとな色の手作りバッグ》（株式会社パッチワーク通信社發行）的修訂版。

## 大人的童話包

## 不同趣味的花卉包

# 日常使用的包包

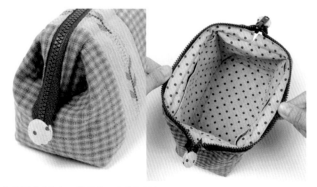

## 支架口金波奇包

袋口使用了可以大大敞開的支架口金，
拿取物品十分便利，是好用的人氣款。

拉鍊兩端的包釦，僅是飾品也能當握把。
包包內側附有裝小物的口袋，使用更便利。

東埜純子　作法 ⟶

## 咖啡杯托特包

出門買點東西時會想要帶著它。

集合五個不同造型的咖啡杯,歡樂又有個性。

茶色與綠色,限定搭配的顏色呈現整體感。

後側也使用了與前側
相同的一整片條紋布。

東埜純子　作法 ⟶　p.73

## 單柄肩背包

弧形袋口組合上窄下寬的包袋身，
運用巧思，讓包包掛在肩上時，
展現漂亮的輪廓線。
配上皮革肩帶，俐落帥氣。

可配合身高變更肩帶的長度。

東垈純子　作法 ⟶ p.69

# 三角拼接波士頓包

布片拼接獨具特色的波士頓包。
只是變換格紋的裁切方向，
就給人摩登的印象。
搭配極簡裝扮，格外搶眼。

東埜純子　作法 ⟶　p.67

袋底的三角側身只需簡單接合。

## 風車波奇包

主角是來回轉動的「風車」圖案。
整體色調選用百看不膩的優雅色。
扣上釦絆，左右兩側就會向外突成三角狀。

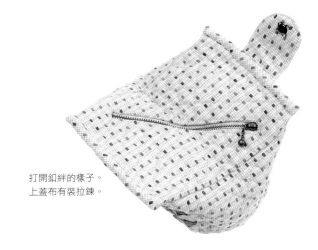

打開釦絆的樣子。
上蓋布有裝拉鍊。

東埜純子　作法 ⟶ p.70

### 穿環肩背包

不會太大也不會太小，
尺寸恰好的肩背包。
以茶色與灰色系布片，
拼接出不分年齡都適用的色彩。

宮本邦子　作法 ⟶ ( p.71 )

p.71

袋口組裝拉鍊口布，
取放時不易弄亂包內物品。

## 婚戒圓桶包

圓底的水桶包，是托特包的定番款。
以人氣圖案「婚戒」環繞袋身一圈後接合。

宮本邦子　作法 ⟶ p.72

## 拼圖包＆口袋Town Bag

乍看類似的配色，
變換包包風格就能發揮不同個性。
左款的圖案是看似交錯組合布片的「拼圖」圖形，
右款以拼接的側身與口袋作為裝飾重點。

東埜純子（兩款作品）左 作法 ⟶ p.74　右 作法 ⟶ p.75

在本體與側身之間夾入出芽邊條後組裝。

V字形口袋口設計，便於拿取物品。

# 想在初夏
## 使用的單柄肩背包

淺灰色先染布與藍色系拼布塊的組合，

配色清爽漂亮。

單條肩帶可俐落往肩上一掛。

縮減側身寬度，看起來更簡潔。

東埜純子

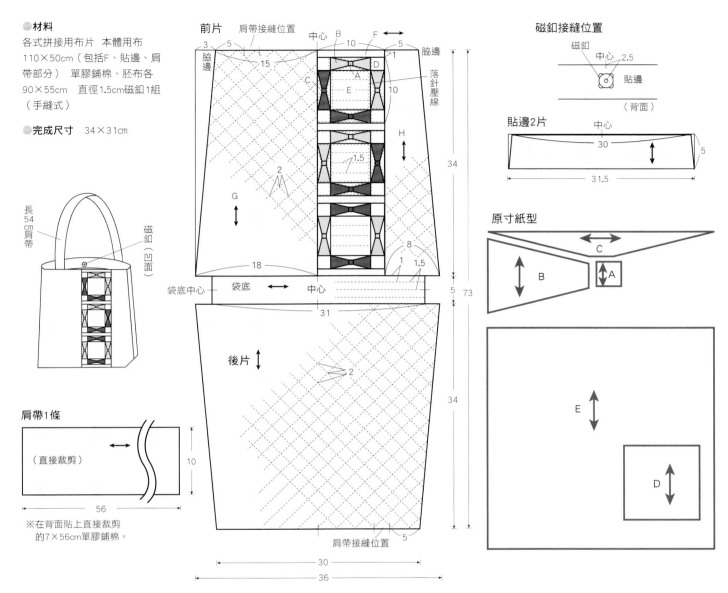

●材料
各式拼接用布片　本體用布
110×50cm（包括F、貼邊、肩
帶部分）　單膠鋪棉、胚布各
90×55cm　直徑1.5cm磁釦1組
（手縫式）

●完成尺寸　34×31cm

長54cm肩帶

磁釦（凹面）

前片

肩帶接縫位置

中心

脇邊

3　5　　　15　　　　10　　　5　　脇邊

B　F

1

落針壓線

A
C　　D
E　　10

H

1.5

G

2

8

18

1　1.5

袋底中心　袋底　　中心

31

34

5　73

後片

2

34

5

肩帶接縫位置

30

36

肩帶1條

（直接裁剪）

10

56

※在背面貼上直接裁剪
　的7×56cm單膠鋪棉。

磁釦接縫位置

磁釦

中心　2.5

貼邊

（背面）

貼邊2片

中心

30

31.5

5

原寸紙型

C

B　A

E

D

## 製作本體

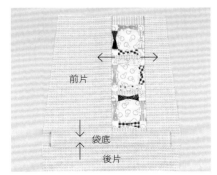

前片

袋底

後片

1　拼接A至H布片，製作前片，再接縫袋底與
　後片，完成表布。考量到進行壓線時會出
　現縮縫皺褶，周圍的縫份可預留多一點。
　縫份倒向箭頭所指方向。

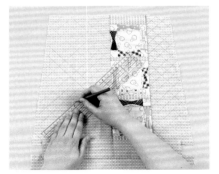

2　描繪壓線。用力按住定規尺防止移位，再
　以鉛筆畫線作記號。

3　表布底下疊放裁得較大的鋪棉與胚布，進
　行三層疏縫。不要將三層布拿起而是以手
　按壓，以放射狀由中心向外側疏縫。前片
　與後片分開疏縫。

17

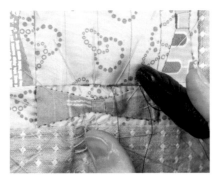

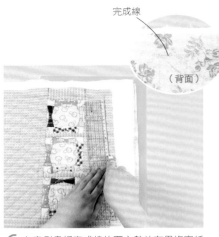

完成線

（背面）

4 由中心向外側疏縫。在慣用手與承接手的
中指套上指套。一邊推針一邊挑縫三層。
一次挑縫2、3針，針腳會較工整。

5 參照P.17的結構圖，將定規尺置於表側
上，一邊量尺寸一邊描繪完成線。

6 在表側畫好完成線的下方墊放布用複寫紙
（有顏色的面朝上），定規尺對齊完成線，
以點線器用力按壓描線。

前片（背面）

預留3cm縫份

0.7

針腳

2

後片（背面）

7 周圍預留約3cm縫份後進行粗裁。本體自
袋底中心正面相對摺二褶，對齊完成線，
以珠針固定。

8 車縫記號處，由一端車縫至另一端。珠針
等縫到跟前才拔下。請記得始縫與止縫都
要進行回針縫。

9 僅單邊胚布預留自針腳向外2cm的縫份，
其餘將縫份修齊成0.7cm。

後片（背面）

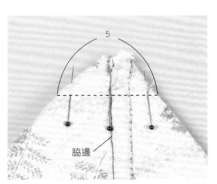

5

脇邊

前片（背面）

後片（背面）

10 反摺胚布包覆縫份，自步驟8的針腳摺
疊，倒向單側以珠針固定。因為變厚了，
請一邊以手緊按布，一邊進行藏針縫。

11 袋底摺成三角形，以珠針固定記號處。
固定時要確認脇邊與袋底中心的位置沒
有跑掉。

12 車縫記號處。以尖錐塞入前片與後片的
縫份慢慢車縫。縫份重疊的脇邊也以尖
錐按壓車縫。

## 製作肩帶並接縫至本體

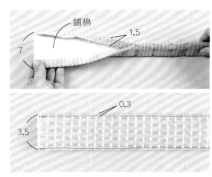
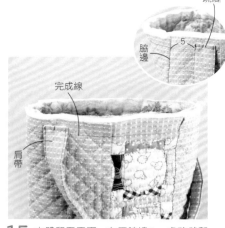

**13** 斜紋布條正面相對疊放於袋底的縫份上，由一端縫至另一端。縫份裁齊至布條端，布條反摺至正面包覆縫份，進行藏針縫。

直裁裁剪的4cm寬斜紋布條（背面）

**14** 參照P.17的結構圖，在布的背面貼上單膠鋪棉。縫份摺入1.5cm後背面相對摺兩褶，於端邊進行裝飾車縫。

鋪棉　1.5　7　0.3　3.5

**15** 本體翻至正面，在距脇邊5cm處疏縫暫時固定肩帶。注意，肩帶不要扭錯了方向。以相同作法縫上另一側的肩帶。

疏縫　脇邊　5　完成線　肩帶

## 貼邊接縫至本體袋口

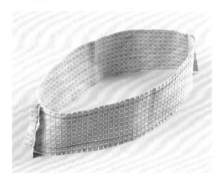

**16** 兩片貼邊正面相對車縫成輪狀，熨開脇邊的縫份。

**17** 貼邊與本體袋口正面相對疊放，分別對齊脇邊與中心的記號，以珠針固定。

**18** 進行車縫。拆下縫紉機的輔助板，車縫記號處。珠針等縫到跟前再拔下。

**19** 沿貼邊的縫份修剪本體袋口多餘的縫份。

**20** 貼邊翻至正面，自步驟18的針腳摺向裡側，再摺疊縫後以珠針固定，進行藏針縫固定於裡側。針腳不要露出表側。

（背面）

**21** 翻至正面，肩帶向上立起，在袋口端向內0.3cm處進行裝飾車縫。磁釦縫至貼邊上，完成（參考P.17）。

（正面）　0.3

拉鍊吊飾也是以布包覆鍊條，再以串珠點綴。

## 眼鏡造型波奇包

眼鏡造型的波奇包。

包上還有紅色與黑色兩種鏡框，你喜歡哪一種呢？

鏡框邊緣裝飾小串珠，

打造名媛風格。

## 黑色系打造的時尚

信國安城子　作法 ⟶ p.72

## 多口袋包

將以往作為配角的口袋提升成主角的時尚包。
銜接袋口處顯得特別寬大的提把十分吸睛，
與橫長的包款也很速配。

前後側附袋蓋的口袋都進行拼接，增加變化。
格紋與條紋的裁切方式也引人注目。

東埜純子　作法 ⟶ p.76

21

## 花卉翻摺包

時尚的手提包上裝飾兩朵盛開的花朵。
皮帶造型的釦絆是另一個亮點。
將提把加長當成肩背包也挺不錯的。

信國安城子　作法 ⟶  p.77

本體作成袋狀，
袋口翻摺，
再以磁釦開闔。

皮革提把接縫於兩脇邊。

## 環環相扣提包

搭配裙裝或褲裝都適合的 Town Bag。

袋底側摺疊褶襉使包身鼓起，

收納力大提升，

是上街購物的最佳拍檔。

側面的大口袋兼具設計感與實用性。

信國安城子　作法 ⟶ p.78

### 圓形貼布縫包

接近球形的可愛包包，
由4片本體布與底部縫合而成。
若是要秋冬使用，
可以改用羊毛等布料。

東埜純子

袋底呈現這樣的曲線。

從脇邊看的樣子。寬大提把的穩定性很高。

## 好用度百分百
## 的包包

●材料
各式貼布縫、拼接用布片 本體用布（包括袋底部分）、
鋪棉、胚布各100×50cm
裡袋用布（包括內口袋部分）90×90cm 25號繡線適量

單位＝cm

●製作順序
拼接布片，進行貼布縫，整合本體→貼上鋪棉，與胚布疊合，
疏縫後進行壓線→以一片布裁剪袋底，並以相同作法進行壓線
→袋底與本體正面相對縫合→本體正面相對，分別縫合前中心
與脇邊→縫合肩帶→製作內口袋，疏縫暫時固定於裡袋→製作
裡袋（左側附內口袋）→本體與裡袋正面相對，車縫袋口→翻至
正面，摺入裡袋的縫份，車縫提把。

●完成尺寸 30×18 cm

原寸紙型A面至⑪～⑬

本體

左・裡袋各2片

右・裡袋各2片

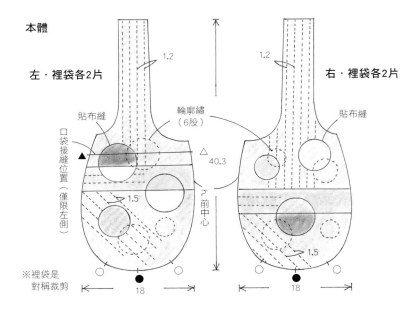

1.2　　　　　1.2
輪廓繡（6股）
貼布縫　　　　　貼布縫
口袋接縫位置（僅限左側）
40.3
P.前中心
1.5
1.5
1.5
※裡袋是對稱裁剪
18　　　　18

內口袋2片（僅限左側）

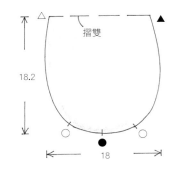

摺雙
18.2
18

袋底1片

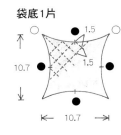

1.5
1.5
10.7
10.7

# 貼布縫

紙型

**1** 製作圓的上下半紙型，描畫在
布上，加上0.7cm縫份後裁剪。

**2** 上下片正面相對疊合，從一端
車縫至另一端。

**3** 縫份倒向單側。

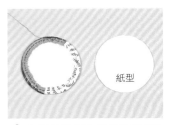

紙型

**4** 步驟3周圍的縫份進行平針
縫，放入紙型後拉緊縫線，打
上止縫結。

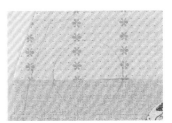

**5** 在完成拼接的本體表布畫上貼
布縫的位置。

**6** 疏縫暫時固定貼布縫布片。

**7** 以細針目進行藏針縫。縫線顏
色接近貼布縫以免太顯眼。

**8** 預留0.7cm縫份後剪去多餘的表
布，使布的厚度一致。

## 製作本體

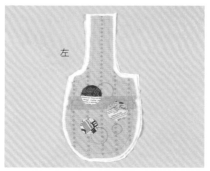

**1** 拼接本體，進行貼布縫與刺繡。準備左右各兩片。底部是以一片布裁剪。表布分別貼上鋪棉，再與胚布疊合，疏縫後進行壓線。

**2** 底布與本體正面相對縫合。左、右是交錯接縫。

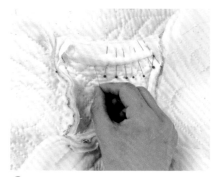

**3** 以多支珠針固定。此時將下凹的袋底朝上，固定後疏縫。每次都先固定一半車縫，會比較好作業。

**4** 拔下步驟3的珠針，進行車縫。這次換成蓬起來的本體側朝上車縫。有點厚度，慢慢縫合即可。

**5** 袋底的縫份剪到剩下0.7cm。

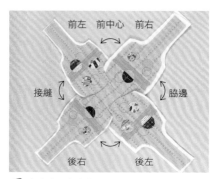

**6** 左右各2片與袋底縫合後，再來是接縫前中心與脇邊。

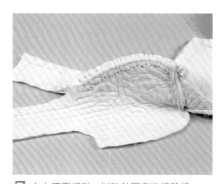

**7** 左右正面相對，以珠針固定進行疏縫。

**8** 進行車縫。始縫與止縫進行回針縫。接縫剩下的脇邊與後中心，成為袋狀。

**9** 再來是縫合肩帶。分別縫合前片的左右兩條與後片的左右兩條，不要弄混了！

## 製作裡袋

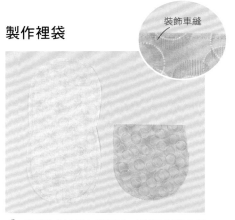

1 裡袋的作法與本體相同,但前片與後片都只在左側縫上內口袋。裁剪內口袋布,背面相對對摺,於口袋口進行裝飾車縫。

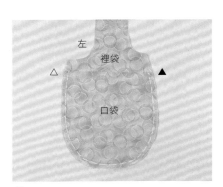

2 口袋疏縫於左側的裡袋上。

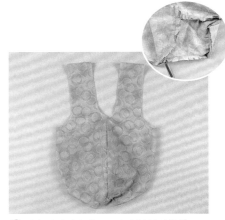

3 底部與左右裡袋正面相對接縫成袋狀,再縫合肩帶,縫份剪牙口,這樣翻至正面會較平整,不會皺皺的。

## 縫合本體與裡袋

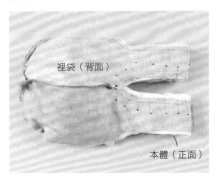

1 本體與裡袋正面相對疊合,多以幾支珠針固定。

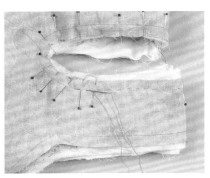

2 在車縫線(完成線)向上0.1cm處進行疏縫暫時固定。

3 進行車縫一圈,拆下疏縫線。因為相距0.1cm,不會互相壓到,可以整齊拆下疏縫線。

4 本體翻至正面,裡袋也回到正面。此時就能車縫脇邊。

5 摺入裡袋的縫份,以珠針固定,暫時與本體接合。

6 自本體的表側車縫固定。另一側也以相同方式車縫。

## 四角拼接托特包

接縫由四方形或長方形布片組合成的布塊。
色調柔和的水藍印花布，
將零星散布的紅色襯托得更加搶眼，
是初夏時節的人氣推薦款。

東埜純子

在連成一片的本體接縫側身，
最後再以包邊裝飾。

● **材料**

各式拼接用布片　後片、提把用布35×75cm
側身用布35×30cm
鋪棉、胚布各65×70cm　寬3.5cm斜紋布條230cm
直徑1.5cm手縫式磁釦1組

● **製作順序**

拼接前片→貼上鋪棉，再與胚布疊合，疏縫後進
行壓線→後片、側身也以相同作法進行壓線→前
片與後片正面相對疊合，車縫底部→與側身正面
相對車縫→各自接合前片的提把及後片的提把→
提把與袋口進行包邊→縫上磁釦。

● **製作重點**

‧前片接縫16片布塊後，描繪完成線，再剪去多
餘的部分。

● **完成尺寸**　40×37cm

**原寸紙型B至⑬～⑮**

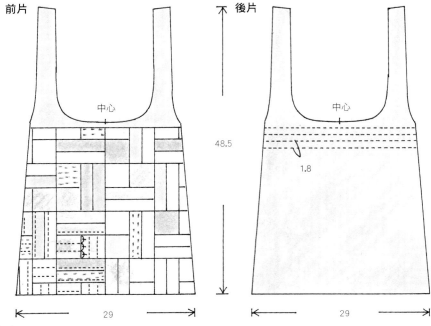

前片　後片

中心　中心

48.5

1.8

29　29

※依個人喜好
方向拼接圖案布塊

側身2片　圖案布塊

中心

1.5

25.5

1

15

8　8　×16片

作法

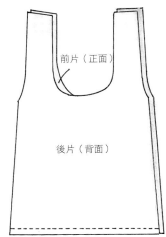

前片（正面）

後片（背面）

①前片與後片正面相對疊合，
　車縫底部。縫份以後片的胚
　布包覆後倒向前側，進行藏
　針縫。

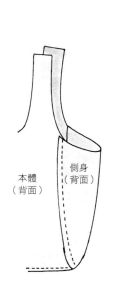

本體
（背面）

側身
（背面）

②本體與側身正面相對縫合。
　縫份以側身的胚布包覆後倒
　向本體側，進行藏針縫。

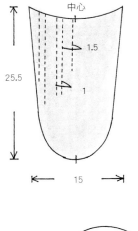

③接合提把。

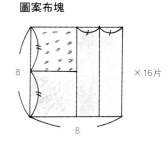

以縫份一邊的胚布包覆後倒向
另一邊，進行藏針縫。

0.7縫份

背面

1

磁釦

④提把與袋口進行包邊。

## A4 扁平包

擁有一個 A4 尺寸的包包非常方便。
不管是書本或摺疊傘都能夠放進去,
上班或外出當成第二個包包帶著也很實用。

信國安城子

單位＝cm

● **材料**
各式貼布縫與拼接用布片　鋪棉、胚布各
60×35cm　寬3.5cm斜紋布條60cm
寬4cm皮革帶（包括裝飾布部分）90cm
25號繡線適量

● **製作順序**
製作A至D圖案布塊→拼接前片、後片。後片
是拼接好本體後再貼布縫上D→與鋪棉及胚布
重疊，疏縫後進行壓線→前片與後片正面相
對疊合，縫合脇邊與底部（裝飾布於此時夾
入）→袋口進行包邊→製作提把並縫至本體。

● **製作重點**
‧在布片的拼接線進行落針壓線。
‧本體的布片是每間隔約1.5cm隨喜好進行直
　向、橫向或斜向的刺繡。

● **完成尺寸**　32×26cm

原寸紙型A面至⑭～⑰

後片以貼布縫縫上一個圖案布塊。
右側的裝飾布
利用提把零碼布製作。

**前片**

9cm提把接縫位置　　0.8cm包邊

4
4
8
10
殖民結粒繡（3股）
A
7
12
8
3
5
5
B
雛菊繡（3股）
C
9
12
2.5
9
10
3
裝飾布接縫位置
27
32

**後片**

9cm提把接縫位置

12.5
16
14
19
貼布縫上圖案布塊
11
D
7
16
13
9
15.5
2.5
裝飾布接縫位置
27

**提把2條**（直接裁剪）

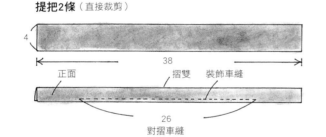

4
38
正面　　摺雙　裝飾車縫
26
對摺車縫

**裝飾布**（直接裁剪）

4
5

**圖案布塊進行壓線**

A
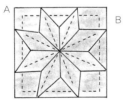
B

C
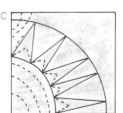
D
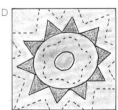

**作法**

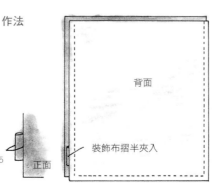

背面
裝飾布摺半夾入
1.5
正面

**提把接縫方式**

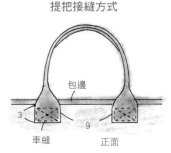

前片與後片正面相對
疊合，夾入裝飾布後
縫合脇邊與底部。縫
份以一邊的胚布包覆
後倒向另一邊，進行
藏針縫。

包邊
3
9
車縫　　正面

33

側身從脇邊延伸到袋底，
同樣插入藍色四角形，更顯美麗。

## 棒狀菱形包

袋蓋的圖案是棒狀菱形。
浮現出閃爍四角形的漂亮設計。
以自然色系營造統一感。

東埜純子　作法 ⟶　p.79

東垫純子　作法 ➝ ( p.81 )

本體的袋口也有拉鍊，
不必擔心東西會掉出來。

## 斜背包

快步走著，單手拿著相機，
充滿活力的假日，
斜背包絕對是外出攜帶的首選。
袋蓋上還有拉鍊口袋。

## 變形單柄肩背包

有點奇妙的肩背包。

不管是從前面還是後面都能收納物品。

作法好像很難，

其實只需縫合左右兩片本體與橢圓形袋底就可完成！

原本的形狀

扣住圈環

變成後背包

從這裡取放物品

東埜純子　作法 ——→  p.80

背面的拉鍊是另一個袋口

### 溫馨的貼布縫包與
### 親子兔波奇包

兩款包包上的可愛圖案,

彷彿是從繪本走出來的。

想像著故事情節,一針一線繡縫,

從製作開始,心情就變得愉快。

包包的後側有狗狗貼布縫。
可置換成家中的寵物。

# 大人的童話包

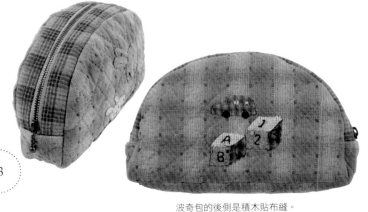

宮本邦子

貼布縫包 作法 ⟶ p.82　　波奇包 作法 ⟶ p.83

波奇包的後側是積木貼布縫。

## 驢子＆熊貓手機袋

令人印象深刻的布偶臉！
因為是手作的，才這麼趣味盎然。
細繩作成的手腳可以來回擺動。
試著挑戰一下其他動物吧！

開闔使用魔鬼氈。
背面裝彈簧鉤，
便於掛在包包提把或皮帶上。

宮本邦子　作法 ⟶ p.84

## 睡午覺的熊熊波奇包

正在睡午覺的熊熊,閉著眼睛,
露出長長睫毛。
不只模樣可愛,大小也很實用,
可用來收納化妝品。

側身寬6cm,
後側是熊熊尾巴貼布縫。

宮本邦子　作法 ⟶ p.85

## 花卉&蜜蜂包

蜜蜂們聞到花香飛了過來，
讓人忍不住展露笑容的童話包。
使用壓低明度與彩度的配色，
以免太過可愛。

原本是四角形托特包，
繫上位於袋口內側的綁繩，
側身就會向內摺。

宮本邦子　作法 ⟶ ⟨p.86⟩

## 幸運草迷你包

隨風搖曳的幸運草，
感覺好清新。
包邊環繞本體與側身一圈，
使形狀更挺立。
黃色格紋是重點。

後側也點綴幸運草。
側身夾入耳絆，
幫助開闔。

東埜純子　作法 ⟶ p.87

43

## 晴天曬衣圓桶包

連身裙、毛巾等曬衣場景的貼布縫。
曬衣繩與衣夾以刺繡表現。
與熱愛可愛小物的人最合拍。

宮本邦子

後側是庭院柵欄與帽子貼布縫。

單位＝cm

## ●材料

各式貼布縫用布　表布65×25cm
口布65×5cm
袋底用布（包括提把與底布部分）
65×30cm　鋪棉、胚布各90×35cm
5號繡線適量

## ●製作順序

在表布進行貼布縫與刺繡→與口布、底布接縫→貼上鋪棉，與胚布正面相對疊合，車縫袋口→翻至正面，疏縫後進行壓線→袋底貼上鋪棉，與胚布重疊，疏縫後進行壓線→本體正面相對，車縫後中心→本體與袋底正面相對縫合→製作提把後接縫至本體。

## ●製作重點

‧繡線皆為1股。
‧縫份以胚布包覆處理。

## ●完成尺寸

袋底直徑18cm　高26cm

原寸紙型B面㉓

**本體**

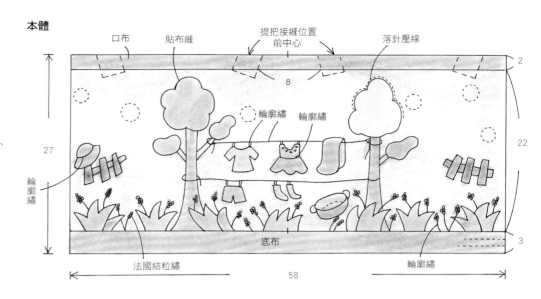

**提把2條**

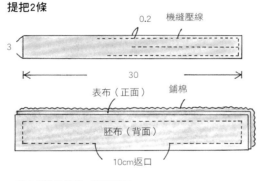

剪去多餘的鋪棉，翻至正面，
縫合返口後車縫壓線。

**袋底**

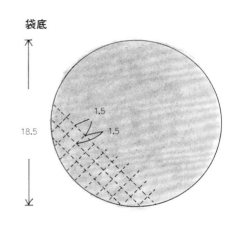

**本體作法**

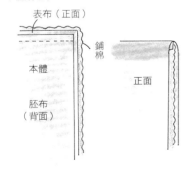

表布貼上鋪棉，與胚布正面相對疊合，
車縫袋口，剪去多餘鋪棉，翻至正面

**作法**

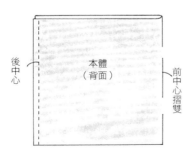

①本體正面相對疊合，車縫後中心。
縫份以一邊的胚布包覆後倒向另一
邊，進行藏針縫。

②本體與袋底正面相對縫合，
縫份以袋底的胚布包覆後倒向
本體側，進行藏針縫。

**提把接縫方式**

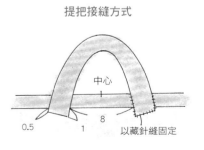

以藏針縫固定

## 房屋雙層小肩包

發揮創意，
以鑰匙圈串接大小兩款小肩背包。
方便物品歸類收納，
一旦用了便愛不釋手。

因為是以鑰匙圈串起來，
也可拆開使用。

宮本邦子　作法 ⟶  p.88

大款小肩包是以四角形布片拼接而成。

## 附外口袋肩背包

扮演主角的大口袋,
加上深色口袋蓋當亮點。
因為款式簡約,
如果置換貼布縫圖案,
男性也能使用。

宮本邦子　作法 ⟶　p.89

側身也低調點綴
十字圖案貼布縫。

## 好想一起用的貓咪＆魚兒波奇包

萌樣表情的可愛貓咪波奇包，

豎起的耳朵是重點。

環繞一圈的拉鍊側身，

開口大，方便取放。

將小的魚兒波奇包裝入貓咪包內使用，

有趣又好玩。

宮本邦子

## 魚兒波奇包

### ●材料

各式拼接、尾巴用布　B用布15×10cm　單膠鋪棉、胚布各
25×20cm　長12cm拉鍊1條　直徑0.7cm鈕釦2個

### ●製作順序

拼接前片與後片→貼上鋪棉，與胚布正面相對疊合，預留返
口後車縫→翻至正面，縫合返口，進行壓線→前片與後片正
面相對疊合，僅挑起表布以捲針縫與脇邊縫合→裝上拉鍊，
以捲針縫固定於袋口，直到拉鍊接縫止點→縫上尾鰭。

### ●製作重點

・輕輕貼上鋪棉，沿針腳邊裁剪，翻回正面，以熨斗燙貼。

### ●完成尺寸　7×13.5cm

原寸紙型A面 62 63

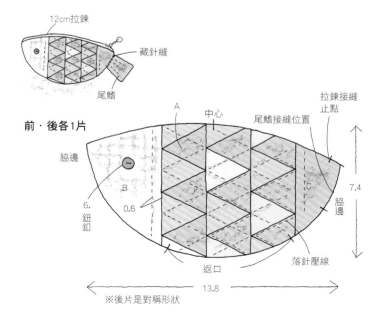

12cm拉鍊

藏針縫

尾鰭

前・後各1片

拉鍊接縫
止點

A　中心　尾鰭接縫位置

脇邊

脇邊

7.4

B　0.6

C

6.
鈕
釦

落針壓線

返口

13.8

※後片是對稱形狀

# 貓咪波奇包

## ● 材料

各式拼接、貼布縫用布　後片用布25×20cm　側身用布（包括布環部分）40×15cm　耳朵、尾巴用布25×15cm　單膠鋪棉55×40cm　胚布55×55cm　長25cm拉鍊1條　25號繡線適量

## ● 製作順序

拼接前片，進行貼布縫與刺繡→貼上鋪棉，再與胚布疊合，進行壓線→後片與下側身也以相同方式壓線→製作上側身，與下側身正面相對車縫（布環於此時夾入）→前片、後片、側身正面相對疊合車縫→接縫上耳朵與尾巴。

## ● 製作重點

· 上側身、耳朵與尾巴輕輕貼上鋪棉，沿針腳邊剪掉多餘鋪棉，再翻至正面燙貼。
· 比照尾巴作法縫製耳朵。
· 縫份以胚布與同塊布的斜紋布條包覆處理。

## ● 完成尺寸　14×20.5cm

原寸紙型A面 60 61

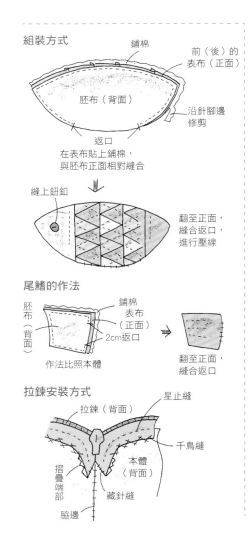

組裝方式

尾鰭的作法

拉鍊安裝方式

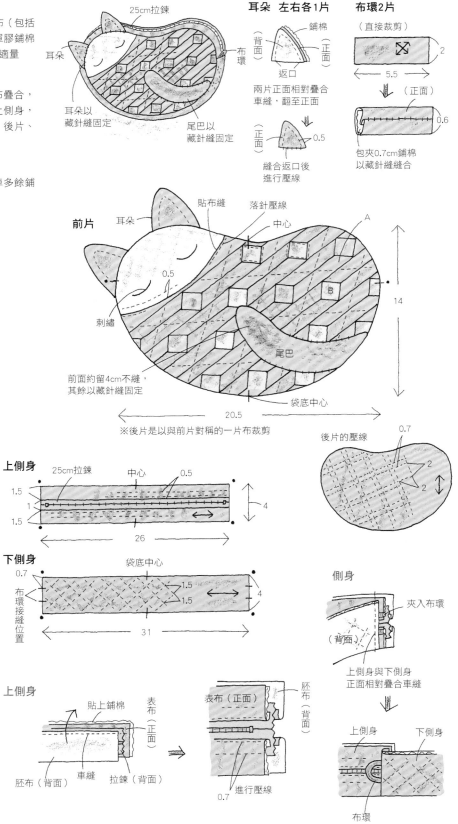

前片

※後片是以與前片對稱的一片布裁剪

上側身

下側身

側身

# 不同趣味的花卉包

## 波士頓包&長夾

迷你款的波士頓包，

大花的貼布縫像是超出包緣的趣味設計。

長夾的扇貝形貼布縫看似蕾絲滾邊。

底下是長夾的本體，打開後可看到夾層。
以藏針縫將完成壓線的表布與本體縫合。

波士頓包是由一片裝有拉鍊的本體製作，
組裝簡單。
只要將本體正面相對對摺車縫，
側身也跟著完成。後側有好用的口袋。

信國安城子

波士頓包 作法 ⟶ ⸛p.90⸛　長夾 作法 ⟶ ⸛p.91⸛

## 大容量的大花貼布縫
## 圓包

深灰色底布襯托淺灰色花朵的大包包。

本體與提把是一體成型，

掛在肩上能充分與身體貼合。

信國安城子

釦絆縫上立體花飾。

●材料
各式貼布縫、拼接布片 A用布（包括包釦部分）110×35cm
B用布（包括釦絆、包邊部分）110×60cm 鋪棉100×75cm
胚布110×85cm　直徑1.5cm磁釦1組（手縫式）　直徑1.3cm包
釦芯17個　直徑3cm包釦芯1個　8號繡線適量

●製作順序
前片與後片A進行貼布縫與刺繡，B進行貼布縫→與鋪棉及胚布
重疊進行壓線→縫上包釦→車縫尖褶→前片與後片正面相對縫
合→袋口進行包邊→接縫釦絆→接縫磁釦與花飾。

●製作重點
・釦絆以藏針縫固定於表側與裡側。
・縫份以胚布與同塊布的斜紋布條包
　覆處理。

●完成尺寸　31×46㎝

原寸紙型A面 ⑤⑧ ⑤⑨

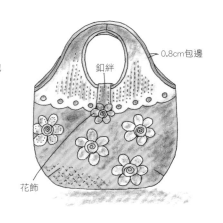

0.8cm包邊

釦絆

花飾

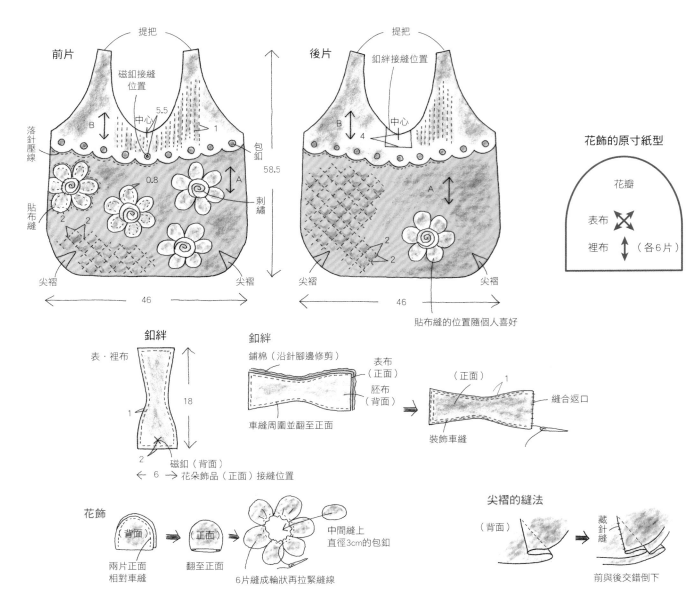

53

## 立體花飾口金波奇包

波奇包的中央裝飾大朵立體花飾，

本體也點綴花卉貼布縫，營造爭相怒放的氛圍。

底部的側身有8cm寬，

容量比看起來的大，是魅力所在。

信國安城子

袋口可大大開啟的口金為手縫式。

●材料（1件的份量）
各式貼布縫與立體花用布　表布、鋪棉、胚布各30×25cm　直徑1.5cm包釦芯1個　寬12cm口金（手縫式）1個

●製作順序
前片進行貼布縫→表布下疊放鋪棉，與胚布正面相對，預留返口後車縫一圈→翻至正面，縫合返口→疏縫後進行壓線→後片、側身也以相同方式製作→

前片、後片與側身正面相對進行捲針縫→安裝口金→製作立體花後接縫。

●製作重點
·安裝口金後，兩端以鉗子夾緊。

●完成尺寸　9×12cm

原寸紙型B面㉝～㉟

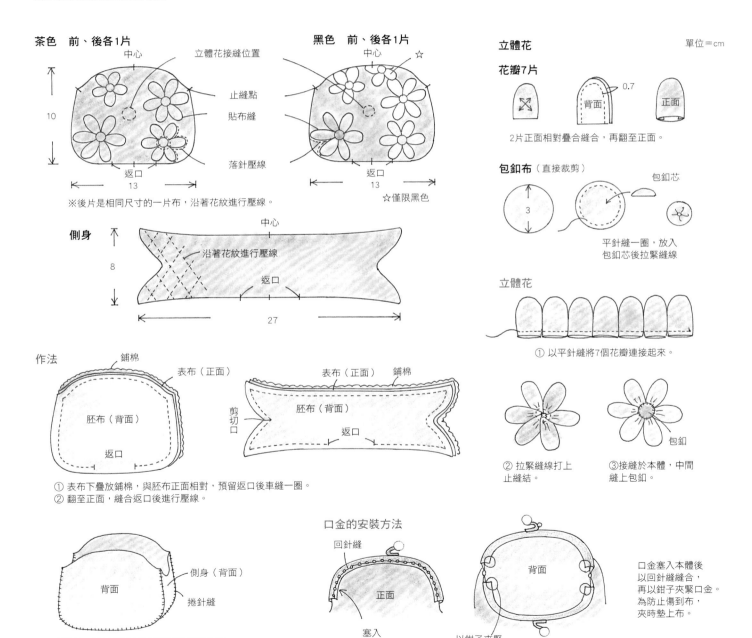

茶色　前、後各1片

中心　立體花接縫位置
止縫點
貼布縫
落針壓線
返口
13
10

※後片是相同尺寸的一片布，沿著花紋進行壓線。

黑色　前、後各1片

中心　☆
返口
13
☆僅限黑色

立體花　　　　　單位＝cm

花瓣7片
0.7
背面　正面

2片正面相對疊合縫合，再翻至正面。

包釦布（直接裁剪）
包釦芯
3

平針縫一圈，放入包釦芯後拉緊縫線

立體花

① 以平針縫將7個花瓣連接起來。

② 拉緊縫線打上止縫結。

③接縫於本體，中間縫上包釦。

包釦

側身
中心
沿著花紋進行壓線
返口
8
27

作法
鋪棉
表布（正面）
胚布（背面）
返口

表布（正面）　鋪棉
胚布（背面）
剪切口
返口

① 表布下疊放鋪棉，與胚布正面相對，預留返口後車縫一圈。
② 翻至正面，縫合返口後進行壓線。

背面
側身（背面）
捲針縫

③前片、後片與側身正面相對進行捲針縫。

口金的安裝方法
回針縫
正面
塞入

背面
以鉗子夾緊

口金塞入本體後以回針縫縫合，再以鉗子夾緊口金。為防止傷到布，夾時墊上布。

55

## 花卉手機袋 &
## 數位相機袋

成組的兩個袋子，

都可以掛在包包提把上使用。

由於是布作的袋子，

重量輕盈，不會占太多空間。

將提把與拉鍊的拉片作成是一體的。

信國安城子　手機袋 作法 ——→　p.95

後側加上硬網紗。
袋口呈弧狀，
便於取放。

# 數位相機袋

● **材料**
各式貼布縫用布　表布（包括提把部分）、鋪棉、
胚布各30×25cm　長17cm拉鍊1條　直徑0.5cm鈕釦
1個　鋅鉤1個

● **製作順序**
表布進行貼布縫→胚布下疊放鋪棉，與表布正面相
對疊合，車縫拉鍊袋口→挖空拉鍊口的鋪棉，剪牙
口後翻回正面→疏縫後進行壓線→安裝拉鍊→正面
相對車縫袋底→製作提把→縫合側身（從袋口→袋
底），提把於此時夾入→翻至正面。

● **製作重點**
‧縫份以胚布包覆處理。

● **完成尺寸**　10×11cm

原寸紙型B面㊲

**本體**

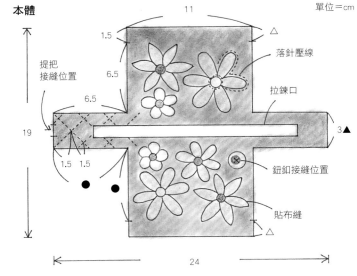

單位＝cm

11
1.5
6.5
6.5
19
1.5 1.5
24
3▲
△
△
落針壓線
拉鍊口
鈕釦接縫位置
貼布縫
提把
接縫位置

**作法**

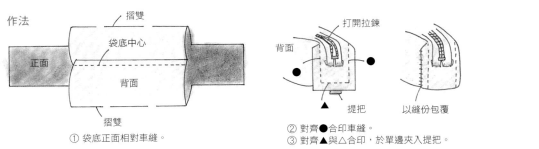

摺雙
袋底中心
正面
背面
摺雙
① 袋底正面相對車縫。

打開拉鍊
背面
▲ 提把
② 對齊●合印車縫。
③ 對齊▲與△合印，於單邊夾入提把。
以縫份包覆

**安裝拉鍊的方法**

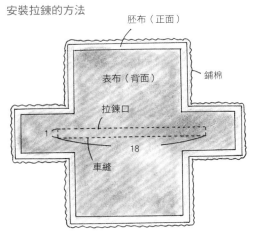

胚布（正面）
鋪棉
表布（背面）
拉鍊口
1
18
車縫

① 胚布下疊放鋪棉，再與表布正面相對疊合，
車縫拉鍊口。

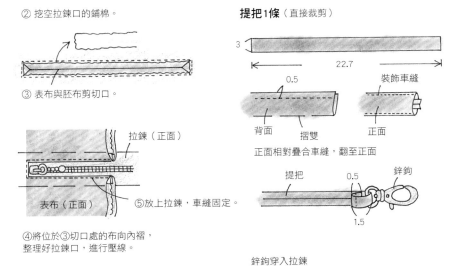

② 挖空拉鍊口的鋪棉。

③ 表布與胚布剪切口。

拉鍊（正面）
表布（正面）
⑤放上拉鍊，車縫固定。

④將位於③切口處的布向內褶，
整理好拉鍊口，進行壓線。

拉鍊（背面）
⑥ 拉鍊布端進行藏針縫。
藏針縫

**提把1條**（直接裁剪）

3
22.7
0.5
背面　摺雙
裝飾車縫
正面
正面相對疊合車縫，翻至正面

提把
0.5
1.5
鋅鉤

鋅鉤穿入拉鍊
拉片的圈環

## 野花包

適合春夏使用的素樸花卉包。
自然色的配色與突出於兩側的側身,
漂亮的造型讓人帶出門就感到幸福。

宮本邦子

在連成一片的
本體接縫側身。

另一側也點綴花卉貼布縫。

● 材料
各式貼布縫用布　表布30×40cm　側身用布
30×20cm　提把用布（包括口布部分）
35×30cm　鋪棉35×75cm　胚布30×65cm
5號繡線適量

● 製作順序
表布進行貼布縫與刺繡→接縫口布→貼上鋪棉，
與胚布正面相對疊合，預留返口後車縫→翻至
正面，疏縫後進行壓線→以相同方式製作側身
→本體與側身正面相對疊合，進行捲針縫→製
作提把，接縫至本體。

● 製作重點
・刺繡皆為1股。

● 完成尺寸　18×36cm

原寸紙型A面40 41

單位＝cm

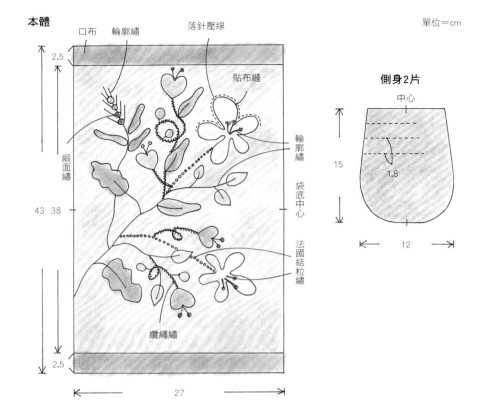

本體

口布　輪廓繡　　　落針壓線

貼布縫

緞面繡

2.5

43　38

2.5

27

輪廓繡

袋底中心

法國結粒繡

纏繩繡

側身2片

中心

15

1.8

12

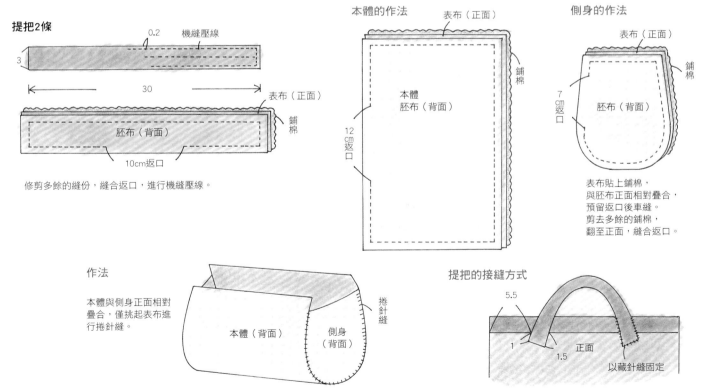

提把2條

0.2　機縫壓線

3

30

表布（正面）

鋪棉

胚布（背面）

10cm返口

修剪多餘的縫份，縫合返口，進行機縫壓線。

本體的作法

表布（正面）

鋪棉

12cm返口

本體
胚布（背面）

側身的作法

表布（正面）

鋪棉

7cm返口

胚布（背面）

表布貼上鋪棉，
與胚布正面相對疊合，
預留返口後車縫。
剪去多餘的鋪棉，
翻至正面，縫合返口。

作法

本體與側身正面相對
疊合，僅挑起表布進
行捲針縫。

本體（背面）

側身
（背面）

捲針縫

提把的接縫方式

5.5

1

1.5

正面

以藏針縫固定

## 褶襉手提包

本體使用粗織布，
可放進A4尺寸文件的大小。
只在袋口摺疊褶襉，線條也變得優雅，
花卉貼布縫亦更加出色。

宮本邦子

後側的單朵花貼布縫。

本體與側身背面相對縫合。

● **材料**
各式貼布縫、拼接用布　表布70×30cm　側身用布
（包括包邊部分）45×35cm　鋪棉、胚布各
45×75cm　寬2cm長41cm皮革提把1組　5號繡線、
燭芯線各適量

● **製作順序**
進行貼布縫→拼接表布→表布下疊放鋪棉，再與胚
布正面相對疊合，車縫兩脇邊→翻至正面，疏縫後
進行壓線→側身也以相同方式重疊，預留返口後車
縫，翻至正面→縫合返口→本體的袋口摺疊褶襉，
進行包邊→本體與側身背面相對縫合→接縫提把。

● **完成尺寸**　32×32cm

**原寸紙型A面** ㊷㊸

單位＝cm

褶襉
中心

**本體**

1　4　1

28

法國結粒繡

輪廓繡

68　12

2

袋底中心

4　8

落針壓線

貼布縫

沿輪廓繡壓線

※ 刺繡皆為1股。

32

**側身2片**

32

6
cm
返
口

6

袋
底
中
心

**作法**

本體

胚布
（背面）

表布（正面）

鋪棉

本體（正面）

表布（正面）

側身

鋪棉

胚布
（背面）

返口

藏針縫

正面

①本體與側身各自於表布下疊放鋪棉，再與胚布
正面相對疊合車縫。剪去多餘鋪棉，翻至正面。
側身縫合返口。

0.7cm包邊

褶襉

②本體袋口進行包邊。

0.7cm包邊

側身
（正面）

正面

0.2

車縫

③本體與側身背面
相對縫合固定。

**提把接縫方式**

中心

正面

4

3

接縫固定

61

## 花卉皺褶包

皺褶很多的圓滾外觀真可愛。

也可將本體換成淺色，

花卉改成深色。

本體貼上極薄的鋪棉，

讓包包不軟塌。

橢圓形袋底本體的底部摺疊褶襉，
使包身變得鼓鼓的。

宮本邦子　作法 ──→　p.94

## 白花 2 way 包

盛開的潔淨白色花朵，
整體配色是沉穩的灰色調。
出門時掛在手腕，
看起來好優雅。

可變換兩種款式。只要將包內的繩帶扣上鋅鉤，
讓袋口變窄，袋身的造型也會跟著改變。

後側的拉鍊口袋點綴灰色滾邊。

信國安城子　作法 ⟶ p.92

## 單提把口金包

出門要帶的東西較多時，
選這款口金包就對了！
容量雖大，
卻不必擔心太大，
保有時尚感。

特意讓固定口金的縫線變得較明顯，
呈現懷舊風。

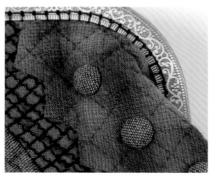

信國安城子　作法 ⟶ p.93

# 作 法

圖中的數字以cm為單位。裁布圖與紙型，除了特別指定之外，皆不含縫份。
虛線代表進行壓線。作品的完成尺寸與圖示尺寸多少會有差異。

〈 P.10 〉 三角拼接波士頓包 ············································ 原寸紙型A面 ⑥

## ●材料
各式拼接用布　表布（包括提把部分）110×40cm　鋪棉40×65cm
胚布110×40cm　寬3.5cm斜紋布條100cm　長40cm拉鍊1條

## ●製作順序
拼接本體→貼上鋪棉，再與胚布疊合，疏縫後進行壓線→袋口進行包邊→本體正面相對疊合，依編號縫合兩脇邊→安裝拉鍊→製作提把並接縫至本體。

## ●製作重點
‧縫份以胚布與同塊布的3cm寬斜紋布條包覆處理。脇邊在縫合①後，先處理縫份再縫合②。

## ●完成尺寸　20×32cm

**本體**

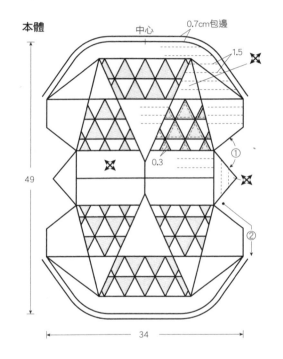
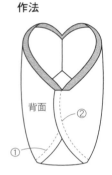

中心
0.7cm包邊
1.5
0.3
49
34
①
②

**作法**

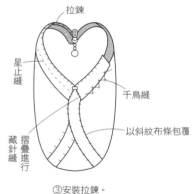

背面
①
②
依照①②的順序縫合

拉鍊
星止縫
藏針縫
摺疊進行
千鳥縫
以斜紋布條包覆
③安裝拉鍊。

**提把2條**

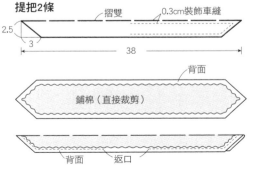

摺雙
0.3cm裝飾車縫
2.5
3
38
背面
鋪棉（直接裁剪）
背面　返口

正面相對對摺，預留返口，翻至正面，
縫合返口後進行壓線

**提把的接縫方式**

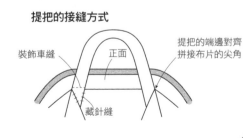

裝飾車縫
正面
提把的端邊對齊拼接布片的尖角
藏針縫

●材料
表布a 25×35cm b15×35cm 裡袋用布（包括包釦、內口袋部分）50×40cm 長30cm拉鍊1條 直徑2cm包釦芯4個 寬15cm支架口金1組

●製作順序
拼接本體→正面相對摺半，縫合兩脇邊→縫合側身→製作裡袋→本體與裡袋背面相對疊合，夾入拉鍊車縫→車縫口金通道→穿入口金，縫合穿入口→拉鍊尾端縫上包釦。

●製作重點
・拉鍊先假縫固定中心部分，再沿左右接縫。

●完成尺寸 13×21㎝

**本體**

6.5　　中心　　6.5　　1.5

4　4　4

止縫點

a　b　a　b　a

32

袋底中心

4

8

25

※裡袋是相同尺寸的一片布

**內口袋**

中心　2.5

內口袋2片

9

15

**內口袋**

摺雙

背面

返口

裝飾車縫

正面

藏針縫

**支架口金**

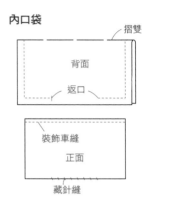

**包釦布（直接裁剪）**

0.3

4

包釦芯

以平針縫縫一圈，放入包釦芯後拉緊縫線

**拉鍊裝飾（握把）**

捲針縫

摺疊　包釦

**作法**

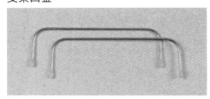

背面

止縫點

袋底中心摺雙

① 正面相對摺半，縫合兩脇邊。

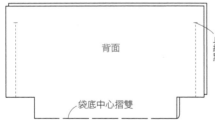

② 熨開縫份車縫。

背面

脇邊

③ 縫合側身。

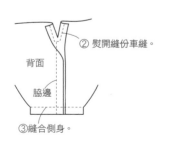

**拉鍊**

中心

錯開2.5cm　裡袋（背面）

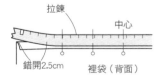

裡袋（背面）　1.5

④　⑤

本體（正面）

④ 本體與裡袋背面相對疊合，縫份向內摺，夾入拉鍊車縫。
⑤ 車縫口金通道。

藏針縫

⑥穿入口金，袋口進行藏針縫。

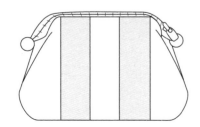

●材料
各式拼接用布 表布用布（包括包邊部分）、鋪棉、胚布各110×50cm 寬2.5～4cm長60cm肩帶1條 直徑1.5cm磁釦

●製作順序
拼接前、後片→表布貼上鋪棉，再與胚布疊合，疏縫後進行壓線→後片與側身也以相同方式壓線→前片、後片與側身正面相對車縫→袋口進行包邊→接縫磁釦與肩帶。

●完成尺寸　28×35cm

前、後各1片

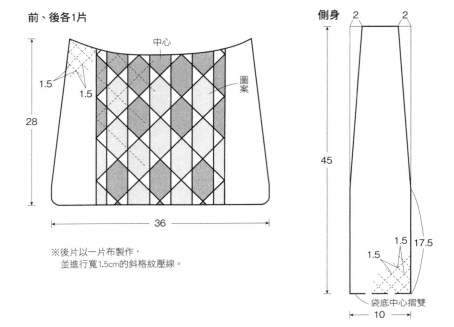

中心

圖案

1.5

1.5

28

36

※後片以一片布製作，
並進行寬1.5cm的斜格紋壓線。

側身

2　　2

45

1.5　17.5

1.5

10

袋底中心摺雙

作法

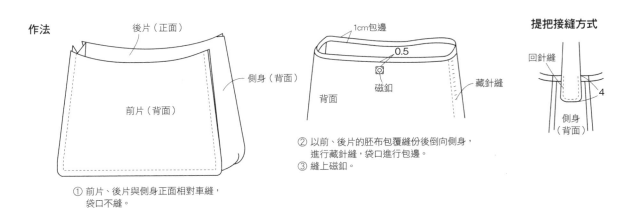

後片（正面）

側身（背面）

前片（背面）

① 前片、後片與側身正面相對車縫，
袋口不縫。

1cm包邊

0.5

磁釦

背面

藏針縫

② 以前、後片的胚布包覆縫份後倒向側身，
進行藏針縫，袋口進行包邊。
③ 縫上磁釦。

提把接縫方式

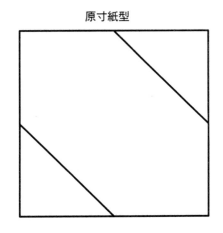

回針縫

4

側身
（背面）

原寸紙型

●材料
各式拼接用布 表布（含釦絆布與包邊
部分）55×30cm 鋪棉、胚布各50×
55cm 長14cm拉鍊1條 直徑1cm的手縫
式磁釦1組

●製作順序
拼接本體→貼上鋪棉，再與胚布疊合，
疏縫後進行壓線→側身、上蓋也以相
同方式壓線→在上蓋製作拉鍊口，安
裝拉鍊→本體與側身正面相對縫合→
與上蓋正面相對，預留返口後車縫→
翻至正面→製作釦絆→縫合返口，進
行包邊（釦絆於此時夾入）。

●製作重點
・縫份以胚布包覆處理。

●完成尺寸 16×21cm

**本體**

磁釦接縫位置
（前片）
1.5
中心
15
15
側身接縫止點
袋底中心摺雙

**側身2片**
中心
1.5
1.5
10
14

**釦絆**
中心
0.2
裝飾車縫
6
磁釦接縫位置
4.7

**釦絆**
① 背面
鋪棉
（直接裁剪）
預留返口後車縫
② 正面

**上蓋**
側身接縫止點
1.5
1.5
拉鍊口
13
16

**拉鍊口**

①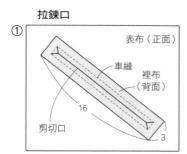
表布（正面）
車縫
裡布
（背面）
16
剪切口
3

②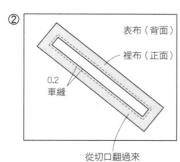
表布（背面）
裡布（正面）
0.2
車縫
從切口翻過來

**安裝拉鍊的方法**
拉鍊
半回針縫
千鳥縫

**作法**

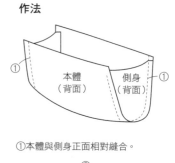
①
本體
（背面）
側身
（背面）
①
①本體與側身正面相對縫合。

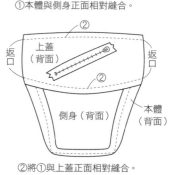
返口
上蓋
（背面）
②
②
返口
側身（背面）
本體
（背面）
②將①與上蓋正面相對縫合。

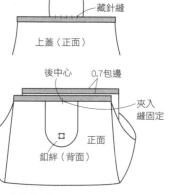
釦絆（背面）
藏針縫
上蓋（正面）
後中心
0.7包邊
夾入
縫固定
正面
釦絆（背面）
③從返口翻至正面，
進行包邊，釦絆於此時夾入。

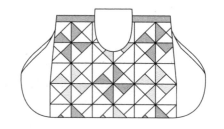

●材料
各式拼接用布 後片用布35×30cm 側身用布（包括提把、提把接縫布、拉鍊側身、垂片部分）80×30cm 鋪棉80×45cm 胚布85×50cm 寬4cm斜紋布條90cm 長30cm拉鍊1條 直徑4cm圈環2個

●製作順序
拼接前片→貼上鋪棉，再與胚布疊合，疏縫後進行壓線→後片、側身也以相同方式壓線→製作拉鍊側身→本體與側身正面相對縫合→袋口進行包邊（夾入拉鍊側身）→製作提把與吊耳，接縫至本體。

●製作重點
·本體的縫份以側身的胚布包覆處理。

●完成尺寸　26×34cm

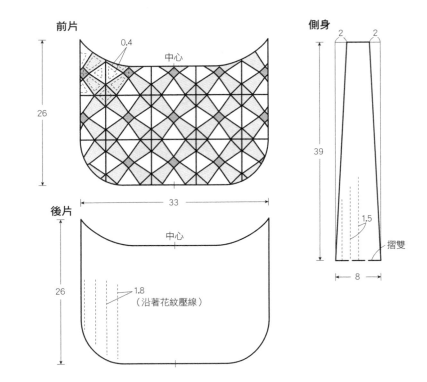

前片

中心

0.4

26

33

後片

中心

26

1.8
（沿著花紋壓線）

側身

2　　2

39

1.5

摺雙

8

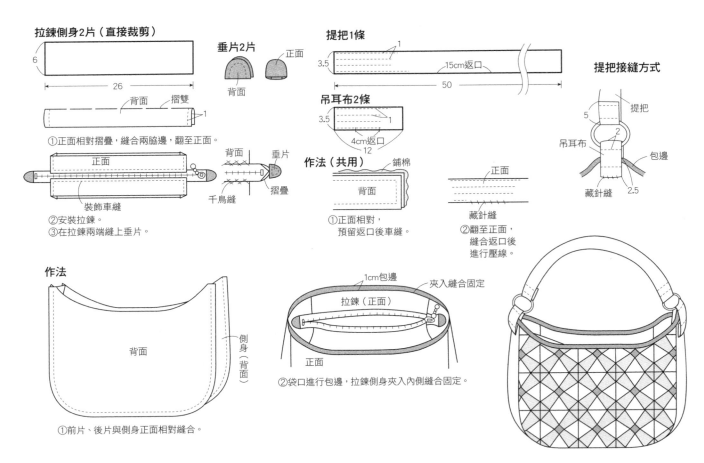

拉鍊側身2片（直接裁剪）

6

26

背面　　摺雙

1

①正面相對摺疊，縫合兩脇邊，翻至正面。

正面

裝飾車縫

②安裝拉鍊。
③在拉鍊兩端縫上垂片。

垂片2片

正面

背面

背面

垂片

摺疊

千鳥縫

提把1條

1

3.5

15cm返口

50

吊耳布2條

3.5

1

4cm返口

12

作法（共用）

鋪棉

背面

①正面相對，
預留返口後車縫。

正面

藏針縫

②翻至正面，
縫合返口後
進行壓線。

提把接縫方式

提把

5

2

吊耳布

包邊

藏針縫

2.5

作法

背面

側身（背面）

①前片、後片與側身正面相對縫合。

1cm包邊

夾入縫合固定

拉鍊（正面）

正面

②袋口進行包邊，拉鍊側身夾入內側縫合固定。

●材料（1件的份量）
各式b、c用布 a用布（包括耳絆部分）、鋪棉各30×25cm 胚布35×25cm 長18cm拉鍊1條 直徑0.3cm串珠7個

●製作順序
在前片進行貼布縫與反向貼布縫→表布下疊放鋪棉，再與胚布正面相對疊合，車縫袋口→翻至正面，疏縫後進行壓線→安裝拉鍊→製作耳絆→前片與後片正面相對疊合，（耳絆於此時夾入）→翻至正面，掛上拉鍊吊飾。

●製作重點
・車縫袋口後剪去多餘的鋪棉。
・縫分以胚布與同塊布的斜紋布條包覆處理。

●完成尺寸　8.5×18.5cm

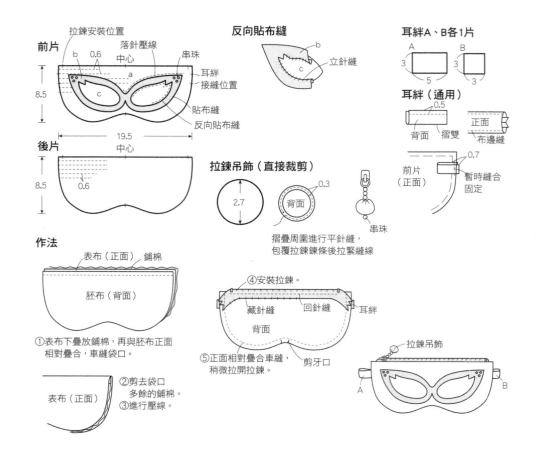

作法

①表布下疊放鋪棉，再與胚布正面相對疊合，車縫袋口。

②剪去袋口多餘的鋪棉。
③進行壓線。

④安裝拉鍊。
⑤正面相對疊合車縫，稍微拉開拉鍊。

摺疊周圍進行平針縫，包覆拉鍊鍊條後拉緊縫線

---

●材料
各式拼接用布 表布、胚布（包括襠布部分）85×35cm 鋪棉100×35cm 提把用布（包括包邊部分）60×25cm

●製作順序
拼接布片→以貼布縫將拼好的圖案縫至表布→貼上鋪棉，再與胚布疊合，疏縫後進行壓線→正面相對縫合兩脇邊→與袋底正面相對縫合→袋口進行包邊→製作提把並接縫至本體。

●製作重點
・貼布縫後，本體表布變厚的部分留下縫份後剪掉。

●完成尺寸　直徑19cm 高30.5cm

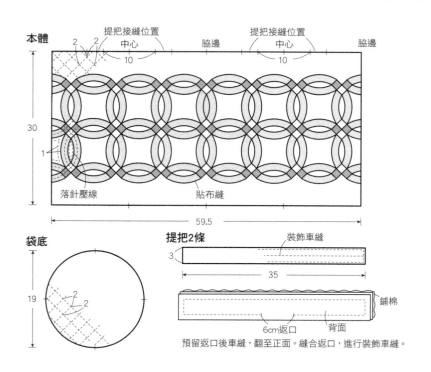

提把2條

預留返口後車縫，翻至正面。縫合返口，進行裝飾車縫。

●材料

各式拼接、貼布縫用布 後片用布
（包括拼接、袋底與貼邊部分）、胚
布、鋪棉各110×40cm 提把用寬3cm
平織帶75cm

●製作順序

製作咖啡杯圖案，進行拼接，完成前
片→接縫袋底、後片，整合本體→疊
合胚布與鋪棉，疏縫後進行壓線→本
體正面相對，縫合兩脇邊，車縫側身
→袋口接縫貼邊（提把於此時夾入）
→袋口進行裝飾車縫。

●製作重點

・本體的縫份以胚布包覆，側身的縫
份以胚布及同塊布的斜紋布條包覆處
理。

●完成尺寸 33×30cm

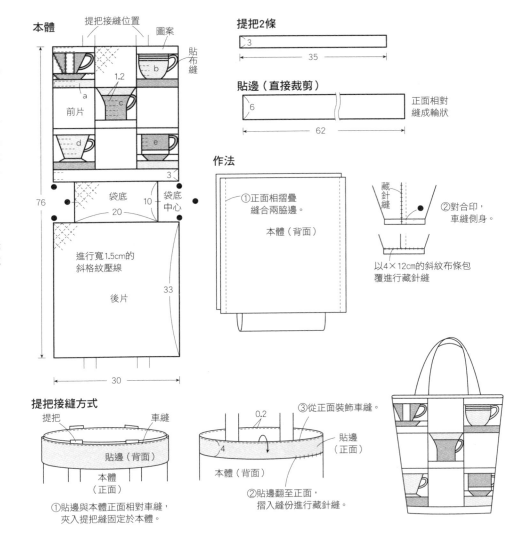

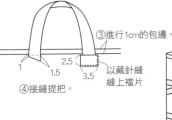

●材料
各式拼接用布 本體用布（包括提把部分）50×60cm 袋底用布（包括包釦、拼接部分）40×40cm 胚布、鋪棉各70×55cm 寬3.5m斜紋布條90cm 直徑1.8 cm 包釦芯4個

●製作順序
拼接本體→表布貼上鋪棉，再與胚布疊合，疏縫後進行壓線→本體正面相對摺半，縫合兩脇邊→車縫側身→袋口進行包邊→製作包釦與提把後接縫至本體。

●完成尺寸 24×39cm

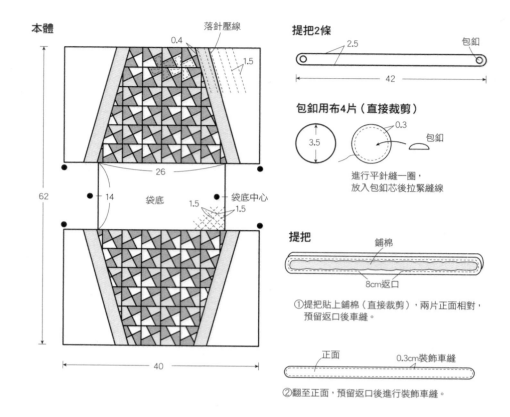

**本體**

落針壓線

0.4

1.5

26

62

14

袋底

袋底中心

1.5 / 1.5

40

**提把2條**

2.5

包釦

42

**包釦用布4片（直接裁剪）**

3.5

0.3

包釦

進行平針縫一圈，
放入包釦芯後拉緊縫線

**提把**

鋪棉

8cm返口

①提把貼上鋪棉（直接裁剪），兩片正面相對，
預留返口後車縫。

正面

0.3cm裝飾車縫

②翻至正面，預留返口後進行裝飾車縫。

**作法**

①正面相對摺半，
縫合兩脇邊。

本體（背面）

以胚布包覆縫份

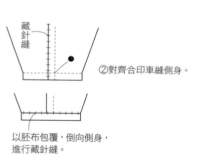

藏針縫

②對齊合印車縫側身。

以胚布包覆，倒向側身，
進行藏針縫。

**提把**

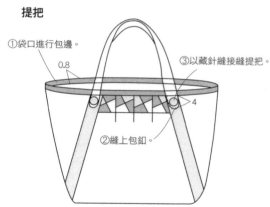

①袋口進行包邊。

0.8

③以藏針縫接縫提把。

4

②縫上包釦。

**原寸紙型**

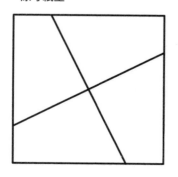

P.75口袋Town Bag的原寸紙型

●材料
各式拼接用布 本體用布（包括提把、
口袋蓋部分）50×65cm 胚布（包括
襯布部分）、鋪棉各70×55cm 出芽
邊條用布（包括包邊部分）40×40cm
直徑0.5cm棉繩120cm

●製作順序
本體貼上鋪棉，與胚布疊合，疏縫後
進行壓線→拼接側身並以相同方式壓
線→製作口袋與口袋蓋，接縫至本體
→製作出芽邊條，暫時縫固於本體→
本體與側身正面相對疊合，由脇邊車
縫至袋底→袋口進行包邊→製作提把
後接縫。

●完成尺寸 26×32cm

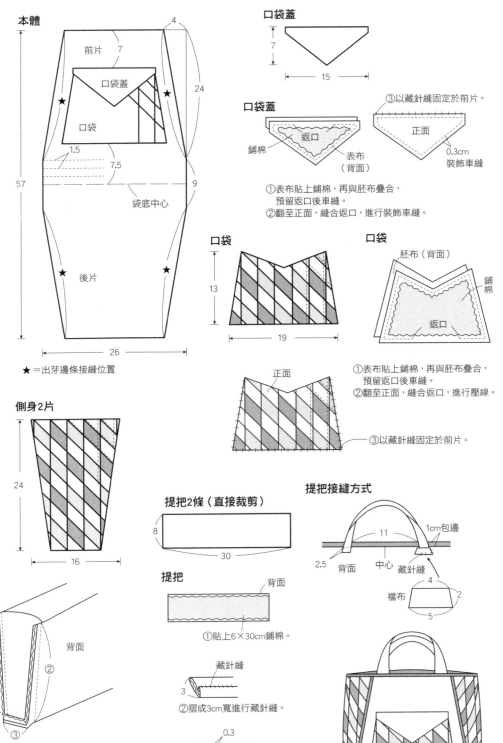

本體

前片 7

口袋蓋

口袋

1.5

7.5

57

袋底中心

後片

26

★＝出芽邊條接縫位置

側身2片

24

16

口袋蓋

7

15

口袋蓋

鋪棉
返口
表布
（背面）

③以藏針縫固定於前片。

正面

0.3cm
裝飾車縫

①表布貼上鋪棉，再與胚布疊合，
　預留返口後車縫。
②翻至正面，縫合返口，進行裝飾車縫。

口袋

13

19

口袋

胚布（背面）

鋪棉

返口

正面

①表布貼上鋪棉，再與胚布疊合，
　預留返口後車縫。
②翻至正面，縫合返口，進行壓線。

③以藏針縫固定於前片。

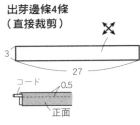

出芽邊條4條
（直接裁剪）

3

27

コード

0.5

正面

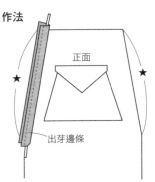

作法

正面

出芽邊條

①口袋與口袋蓋縫至本體，
　將出芽邊條暫時縫合固定於★記號。

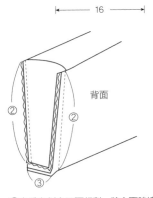

背面

②

②

③

②本體與側身正面相對，縫合兩脇邊，
　以斜紋布條包覆縫份。
③本體與側身正面相對，車縫袋底，
　以斜紋布條包覆縫份。

提把2條（直接裁剪）

8

30

提把

背面

①貼上6×30cm鋪棉。

藏針縫

3

②摺成3cm寬進行藏針縫。

0.3

③機縫壓線。

提把接縫方式

11

1cm包邊

2.5 背面 中心 藏針縫

4

襯布

2

5

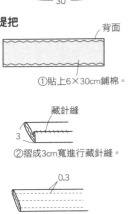

●材料
各式拼接用布、口袋、口袋蓋用表布（包括提把、口袋A‧E胚布部分）、胚布、裡袋用布（包括提把裡布）、鋪棉各110×50cm

●製作順序
製作口袋A～E與2片口袋蓋→前片、後片與側身貼上鋪棉，再與胚布疊合，疏縫後進行壓線→接縫口袋→接縫口袋蓋→前片、後片與側身正面相對疊合車縫→製作提把與裡袋→裡袋放入本體，摺入縫份車縫袋口（提把於此時夾入）。

●製作重點
‧以車縫縫上口袋與口袋蓋。

●完成尺寸 24×35×10cm

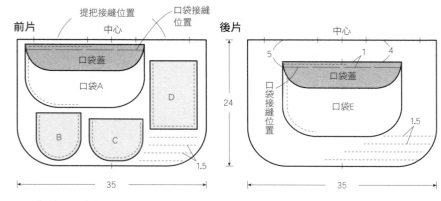

前片

提把接縫位置　中心　口袋接縫位置

口袋蓋
口袋A

D

B　C

1.5

35

後片

中心

5　1　4

24

口袋接縫位置

口袋蓋
口袋E

1.5

1.5

35

※裡袋是相同尺寸的一片布

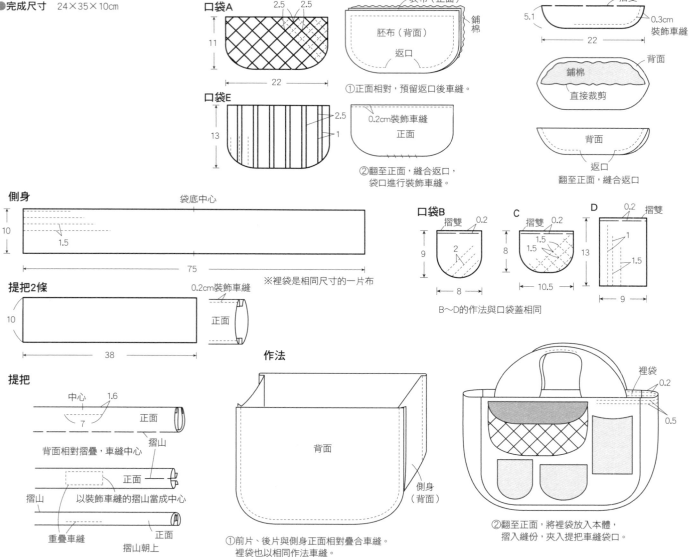

口袋A

2.5　2.5

11

22

口袋E

2.5
1

13

作法（A、E通用）

表布（正面）
鋪棉
胚布（背面）
返口

①正面相對，預留返口後車縫。

0.2cm裝飾車縫
正面

②翻至正面，縫合返口，袋口進行裝飾車縫。

口袋蓋2片

摺雙

5.1
22
0.3cm
裝飾車縫

鋪棉
背面
直接裁剪

背面
返口

翻至正面，縫合返口

側身

袋底中心

10

1.5

75

※裡袋是相同尺寸的一片布

提把2條

0.2cm裝飾車縫

10

38

正面

提把

中心　1.6
7
正面
摺山

背面相對摺疊，車縫中心

正面
摺山
以裝飾車縫的摺山當成中心

摺山
重疊車縫
正面
摺山朝上

口袋B
摺雙　0.2
9
2
8

C
摺雙　0.2
8
1.5
1.5
10.5

D
0.2　摺雙
1
13
1.5
9

B～D的作法與口袋蓋相同

作法

背面

側身（背面）

①前片、後片與側身正面相對疊合車縫。裡袋也以相同作法車縫。

裡袋
0.2
0.5

②翻至正面，將裡袋放入本體，摺入縫份，夾入提把車縫袋口。

●材料

各式貼布縫用布 前片用布40×40cm
後 片 用 布( 包 括 釦 絆、 包 邊 部 分 )
90×45cm鋪棉、胚布(包括襠布部分)
各100×45cm 內尺寸3.7cm日字環1個
直徑1.5手縫式磁釦1組 寬1.5cm皮革提
把1條 25號繡線適量

●製作順序

前片進行貼布縫與刺繡→胚布、鋪棉
與表布疊合，疏縫後進行壓線→前片
袋口以斜紋布包覆，後片袋口進行包
邊→前片與後片正面相對疊合，車縫
袋底、脇邊→車縫側身→製作釦絆後
接縫→接縫提把。

●製作重點

·本體的縫份以胚布包覆，前片袋口
與側身的縫份以胚布與同塊布的斜紋
布條包覆處理。

●完成尺寸　28×29cm

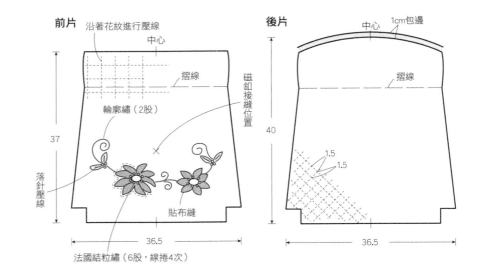

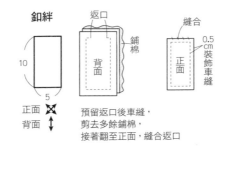

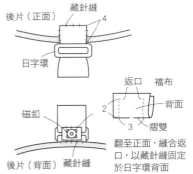

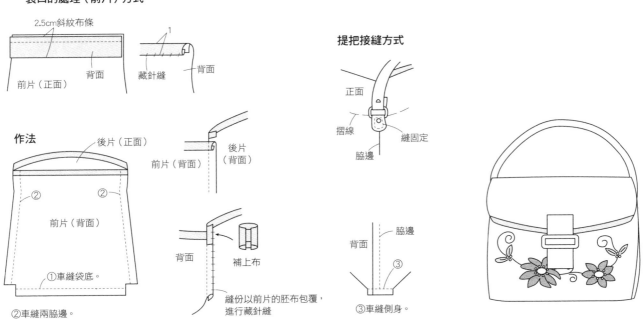

●材料
各式拼接用布（包括包釦部分）表布（包括釦絆、包邊部分）、鋪棉各60×80cm　胚布（包括內底部分）65×85cm　厚黏著襯、雙膠布襯各30×30cm　寬4cm皮革帶50cm　直徑1.3cm與1.5cm包釦芯各1個　直徑1cm手縫式磁釦1組　25號繡線適量

●製作順序
前片與口袋進行貼布縫與刺繡→口袋進行壓線，口袋口進行包邊→前片、後片與側身的表布下分別疊放鋪棉，再與胚布正面相對，車縫袋口→翻至正面，疏縫後進行壓線→前片與後片的褶襇疏縫暫時固定→前片、後片與側身正面相對疊合車縫（於一邊夾入口袋）→袋底與鋪棉疊合進行壓線，再與本體正面相對進行藏針縫→製作內底，黏貼於袋底→製作釦絆後接縫→製作提把後接縫。

●製作重點
‧本體的縫份以胚布包覆處理。

●完成尺寸
37×37cm　袋底24×14cm

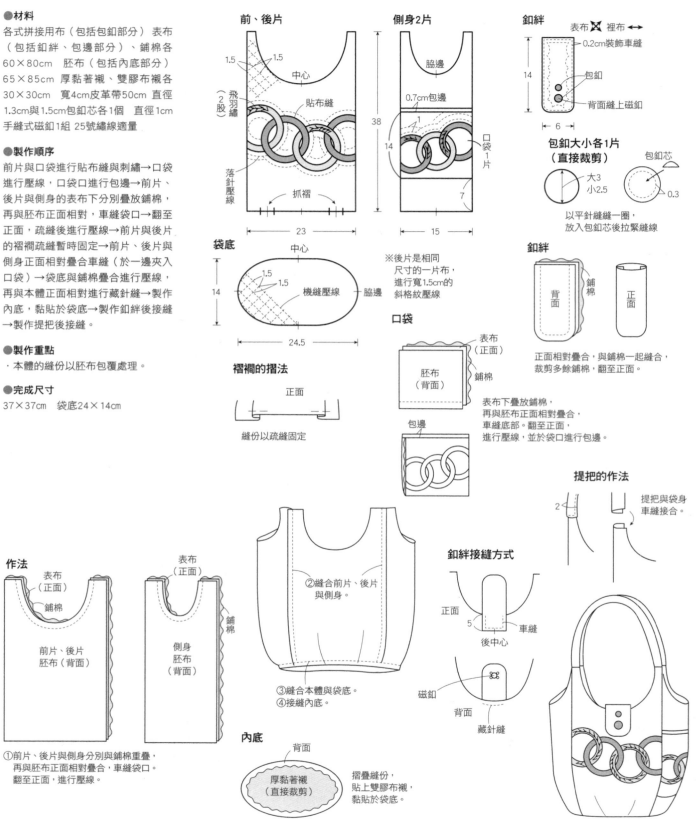

前、後片

側身2片

釦絆

包釦大小各1片（直接裁剪）

釦絆

袋底

褶襇的摺法
縫份以疏縫固定

口袋

提把的作法
提把與袋身車縫接合。

作法
①前片、後片與側身分別與鋪棉重疊，再與胚布正面相對疊合，車縫袋口。翻至正面，進行壓線。

②縫合前片、後片與側身。
③縫合本體與袋底。
④接縫內底。

釦絆接縫方式

內底
摺疊縫份，貼上雙膠布襯，黏貼於袋底。

●材料
各式拼接用布 表布（包括提把、包邊部分）75×55cm
鋪棉90×40cm 胚布（包括袋蓋裡布部分）100×55cm
內尺寸3cm口字環2個 直徑1.5cm手縫式磁釦1組

●製作順序
拼接袋蓋與側身→貼上鋪棉，再與胚布疊合，疏縫後進行壓線→本體也以相同方式壓線→袋蓋與袋蓋裡布正面相對疊合，預留返口後車縫→翻至正面，縫合返口→前片、後片與側身正面相對疊合車縫→袋口進行包邊→接縫袋蓋→製作提把後接縫。

●製作重點
・縫份以胚布與同塊布的斜紋布條包覆處理。

●完成尺寸 24×28cm

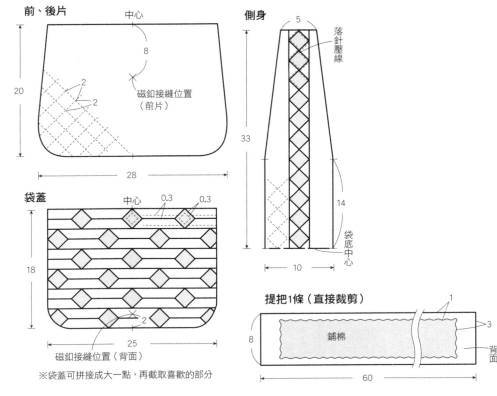

前、後片
中心
磁釦接縫位置（前片）
20
28
8
2
2

側身
5
落針壓線
33
10
14
袋底中心

袋蓋
中心
0.3 0.3
18
25
2
磁釦接縫位置（背面）
※袋蓋可拼接成大一點，再截取喜歡的部分

提把1條（直接裁剪）
鋪棉
8
60
1
3
背面

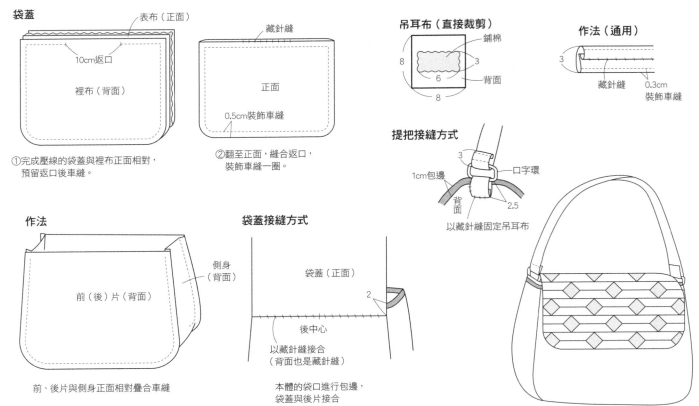

袋蓋
表布（正面）
10cm返口
裡布（背面）
①完成壓線的袋蓋與裡布正面相對，預留返口後車縫。

藏針縫
正面
0.5cm裝飾車縫
②翻至正面，縫合返口，裝飾車縫一圈。

吊耳布（直接裁剪）
鋪棉
8
3
6
背面
8

作法（通用）
3
藏針縫
0.3cm裝飾車縫

作法
側身（背面）
前（後）片（背面）
前、後片與側身正面相對疊合車縫

袋蓋接縫方式
袋蓋（正面）
2
後中心
以藏針縫接合（背面也是藏針縫）
本體的袋口進行包邊，袋蓋與後片接合

提把接縫方式
3
1cm包邊
口字環
背面
2.5
以藏針縫固定吊耳布

79

●材料
各式拼接用布 表布（包括肩帶、D字環與釦絆部分）85×45cm
鋪棉90×45cm 胚布（包括口袋布部分）110×50cm 寬3.5cm斜紋布條100cm 長25cm（後片用）與20cm拉鍊各1條 寬4cm的D字環2個 直徑1.5 手縫式磁釦1組 直徑1.8cm包釦芯1個

●製作順序
前片拼接，製作本體的左右→貼上鋪棉，再與胚布疊合，疏縫後進行壓線→袋口進行包邊→後中心（右）進行包邊→安裝拉鍊→接縫口袋布→正面相對疊合，車縫前片→製作肩帶、釦絆與D字環吊耳再分別接縫→縫合本體與袋底→拉鍊縫至袋口→車縫側身→製作D字環吊耳，覆蓋於側身車縫固定。

●完成尺寸 28×29cm

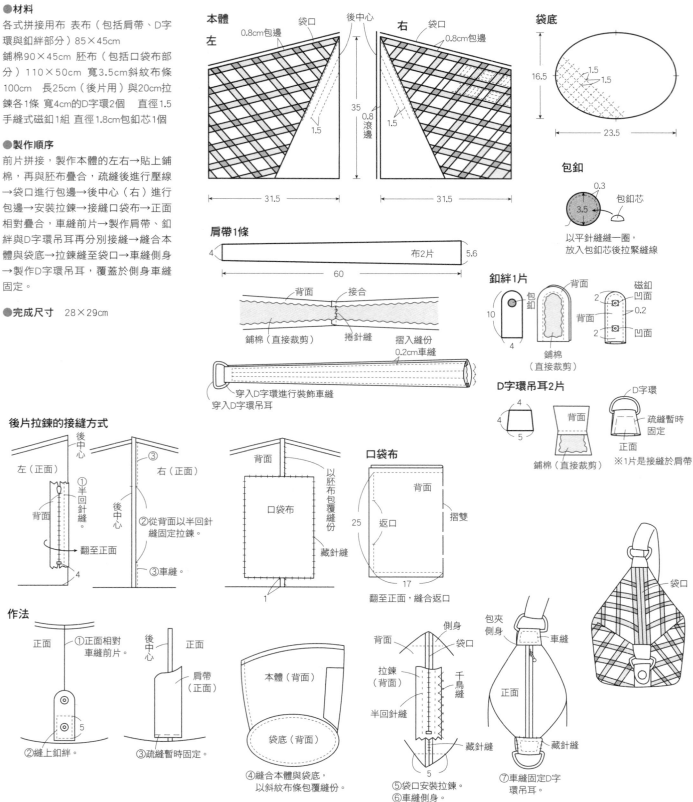

●**材料**
各式拼接用布（包括布環部分） 表布（包括袋蓋裡布部分）90×35cm
鋪棉、胚布（包括袋蓋裡布、口袋布部分）110×40cm 寬3.5cm斜紋布條210cm
長20cm（袋蓋用）、25cm拉鍊各1條
寬3cm附鋅鉤肩帶1條

●**製作順序**
拼接袋蓋→貼上鋪棉，再與胚布疊合，疏縫後進行壓線→袋口進行包邊→安裝拉鍊→裡布與口袋布背面相對，放上袋蓋後周圍進行包邊→本體與側身也以相同方式壓線→本體與側身正面相對縫合→製作布環→袋口進行包邊（布環於此時夾入），安裝拉鍊→袋蓋縫至本體→接縫肩帶。

●**製作重點**
‧本體的縫份以側身的胚布包覆。

●**完成尺寸** 21×26×6cm

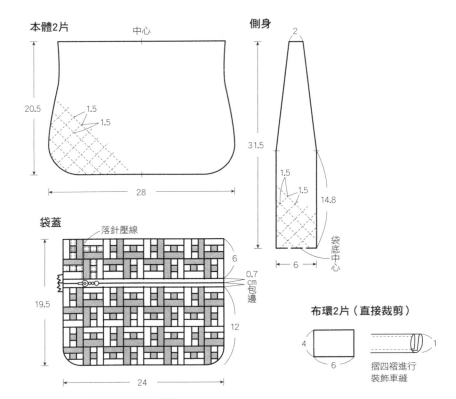

本體2片　中心

側身

20.5
1.5
1.5
28

31.5
2
1.5
1.5
14.8
6
袋底中心

袋蓋
落針壓線
19.5
6
0.7cm包邊
12
24

布環2片（直接裁剪）
4
6
1
摺四褶進行裝飾車縫

※裡布、口袋布是同尺寸的一片布

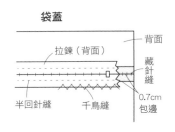

袋蓋
背面
拉鍊（背面）
藏針縫
半回針縫　千鳥縫
0.7cm包邊
①袋口進行包邊，裝上拉鍊。

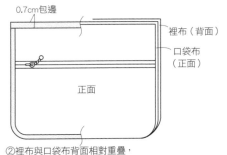

0.7cm包邊
裡布（背面）
口袋布（正面）
正面
②裡布與口袋布背面相對重疊，再與①重疊，周圍進行包邊。

作法
本體（背面）
側身（背面）
本體與側身正面相對縫合

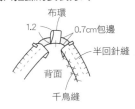

袋口拉鍊的安裝方式
布環
1.2
0.7cm包邊
半回針縫
背面
千鳥縫

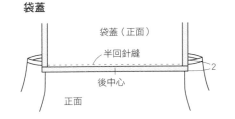

袋蓋
袋蓋（正面）
半回針縫
後中心
2
正面

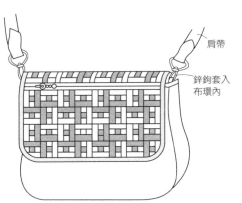

肩帶
鋅鉤套入布環內

●材料
各式貼布縫、拼接用布 後片用布
45×30cm 口布、貼邊用布35×45cm
提把用布40×25cm 鋪棉45×90cm
胚布45×60cm 5號繡線適量

●製作順序
前片的布片與後片進行貼布縫→拼接
完成前片→貼上鋪棉，再與胚布疊
合，疏縫後進行壓線與刺繡→口側摺
疊褶襇→口布貼上鋪棉，與前片、後
片正面相對車縫（提把於此時夾入）
→翻至正面，袋口進行裝飾車縫→貼
邊的下襬進行藏針縫。

●製作重點
·本體的縫份以後片的胚布包覆處理。

●完成尺寸　34×39cm

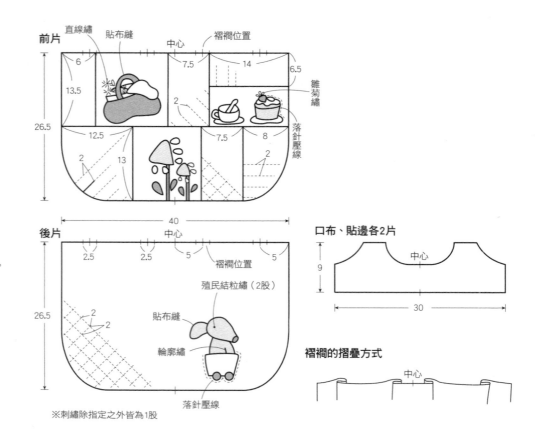

※刺繡除指定之外皆為1股

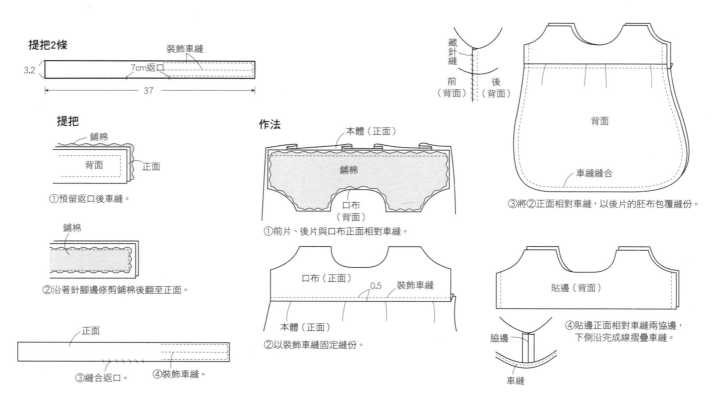

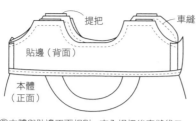

⑤本體與貼邊正面相對，夾入提把後車縫袋口。

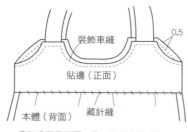

⑥貼邊翻至正面，袋口進行裝飾車縫，貼邊的下襬進行藏針縫。

---

〈 **P.38** 〉 **親子兔波奇包** ·········································· 原寸紙型A面㉗〜㉙

●**材料**
各式貼布縫用布　表布40×25cm　拉鍊
側身用布30×10cm
鋪棉、胚布30×35cm　長26cm拉鍊1
條　25號繡線適量

●**製作順序**
前片與後片進行貼布縫→接縫袋底側
身→貼上鋪棉，再與胚布疊合，疏縫
後進行壓線→製作拉鍊側身，安裝拉
鍊→本體的袋底側身與拉鍊側身正面
相對車縫→前片、後片與側身正面相
對車縫。

●**製作重點**
・車縫前片、後片與側身時是縫至記
號處為止。
・側身的縫份是以胚布與同塊布的斜
紋布條包覆，其餘以胚布包覆處理。

●**完成尺寸**　11×19cm

**作法**

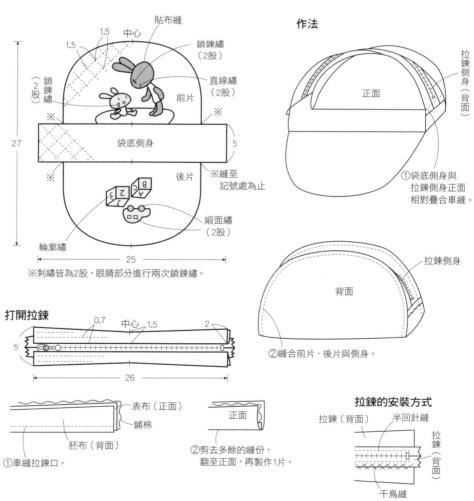

貼布縫
鎖鍊繡（2股）
中心
1.5
1.5
鎖鍊繡（2股）
前片
直線繡（2股）
袋底側身
※
5
後片
※縫至記號處為止
A B C / 2 3 / 1 回
緞面繡（2股）
輪廓繡
27
25

※刺繡皆為2股，眼睛部分進行兩次鎖鍊繡。

正面
拉鍊側身（背面）
①袋底側身與拉鍊側身正面相對疊合車縫。

背面
拉鍊側身
②縫合前片、後片與側身。

**打開拉鍊**
0.7　中心　1.5　　2
5
26

表布（正面）
鋪棉
胚布（背面）
①車縫拉鍊口。

正面
②剪去多餘的縫份，翻至正面，再製作1片。

**拉鍊的安裝方式**
拉鍊（背面）　半回針縫
拉鍊（背面）
千鳥縫

●材料（1款的份量）
各式貼布縫、手、腳用布 表布
45×25cm 鋪棉、胚布各50×15cm
直徑0.5cm圓繩熊貓15cm、驢子25cm
布環用寬0.2cm皮繩5cm
直徑2.2cm魔鬼氈1組 長4cm彈簧鉤1
個 5號繡線與棉花各適量

●製作順序
製作臉、手、腳→前片、後片、側身
與蓋袋分別貼上鋪棉，再與胚布正面
相對，預留返口後車縫→翻至正面，
縫合返口→疏縫後進行壓線→前片、
後片與側身正面相對進行捲針縫
（手、腳、驢子尾巴於此時夾入。熊
貓尾巴則以藏針縫固定於後片）→以
藏針縫將袋蓋縫在臉部的背後→袋蓋
以捲針縫固定在本體後片→裝上魔鬼
氈→掛上彈簧鉤。

●製作重點
・捲針縫是從背後只挑起表布來縫。

●完成尺寸
體長驢子32.5cm 熊貓25cm

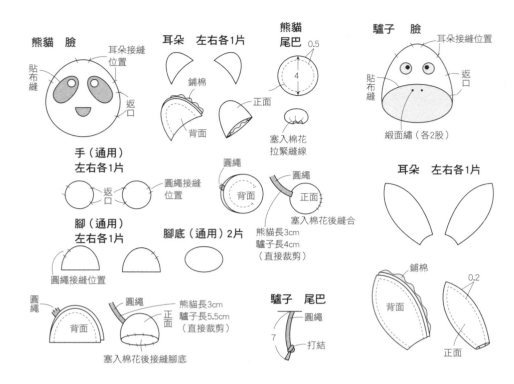

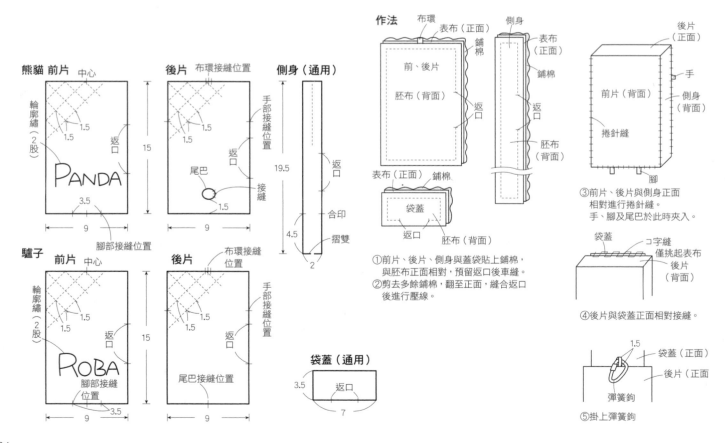

84

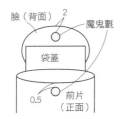

臉（背面）　2
魔鬼氈
袋蓋
0.5
前片
（正面）

⑥臉部接縫至袋蓋，貼上魔鬼氈。

臉部的接縫方式

3
藏針縫
袋蓋
以捲針縫固定於背面
（參考④的作法）

臉部

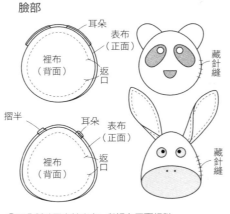

耳朵
表布
（正面）
裡布
（背面）
返口
藏針縫

摺半
耳朵
表布
（正面）
裡布
（背面）
返口
藏針縫

①耳朵暫時固定於表布，與裡布正面相對，
　預留返口後車縫。
②翻至正面，塞入棉花後縫合返口。

PANDA　RoBA

---

〈 P.41 〉　睡午覺的熊熊波奇包　⋯⋯⋯⋯⋯⋯⋯⋯⋯⋯⋯⋯⋯⋯⋯⋯ 原寸紙型B面⑩～⑭

●材料
各式貼布縫用布與耳絆裡布 表布（包
括耳朵部分）25×30cm
側身用布（包括拉鍊側身、耳絆表布
部分）30×20cm 鋪棉35×35cm
胚布50×30cm 長20cm拉鍊1條 5號
繡線適量

●製作順序
前後與後片進行貼布縫→貼上鋪棉，
再與胚布疊合，疏縫後進行壓線與刺
繡→側身與拉鍊側身也以相同方式壓
線→於拉鍊側身裝上拉鍊→製作耳絆
→縫合側身與拉鍊側身，縫成輪狀
（耳絆於此時夾入）→製作耳朵，暫
時固定於前片→前片、後片與側身正
面相對車縫→翻至正面。

●製作重點
．側身的縫份以胚布與同塊布的斜紋
布條包覆。其餘的縫份以胚布包覆處
理。

●完成尺寸　12×15cm

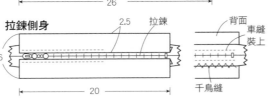

前片
耳朵接縫位置　中心　輪廓繡
合印
法國結粒繡　側身
15.5

後片
中心
直線繡
合印
12
落針壓線
15.5

※刺繡皆為1股

耳朵左右各1片
貼布縫
鋪棉
表布
正面
落針壓線
裡布（背面）

側身
2.5
2.5
6
26

拉鍊側身
2.5　拉鍊
背面
車縫
裝上
6
20
千鳥縫

作法
耳朵
打開拉鍊
合印
背面
前片、後片與側身正面相對車縫

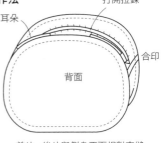

耳絆2片
鋪棉
正面
背面

側身的接縫方式
夾入耳絆
側身（正面）
拉鍊側身
以斜紋布條包覆縫份，
倒向側身側，進行藏針縫

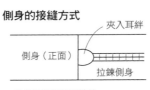

前片
背面　背面
前片（正面）
耳朵暫時固定於前片

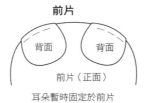

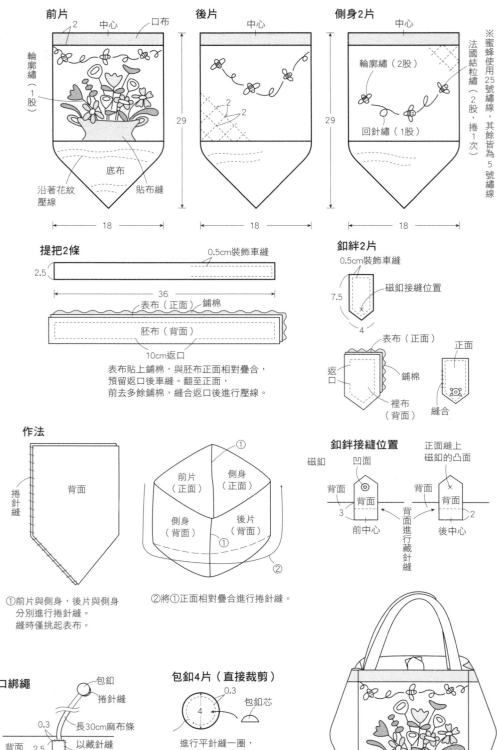

●材料

各式貼布縫用布 表布45×45cm 口布
25×20cm 袋底用布40×30cm
提把用布（包括釦絆部分）30×40cm
鋪棉、胚布（包括襯布部分）
80×40cm
寬0.7cm麻布條60cm 直徑1cm手縫式
磁釦1組 直徑2cm包釦芯4個
5號‧25號繡線適量

●製作順序

進行貼布縫與刺繡→表布接縫口布與
底布，製作前片、後片與側身→貼上
鋪棉，再與胚布正面相對疊合，預留
返口後車縫→翻至正面，縫合返口，
疏縫後進行壓線→正面相對疊合，以
捲針縫成袋狀→製作釦絆、提把，
接縫於本體→接縫袋口綁繩。

●製作重點

‧袋口綁繩的前端夾上兩個包釦，以
捲針縫固定。

●完成尺寸　18.5×17.5×17.5cm

前片

中心

口布

輪廓繡（1股）

29

18

底布
沿著花紋壓線
貼布縫

後片

中心

口布

2　2

29

18

側身2片

中心

輪廓繡（2股）

回針繡（1股）

29

18

※蜜蜂使用25號繡線，其餘皆為5號繡線

法國結粒繡（2股，捲1次）

提把2條

0.5cm裝飾車縫

2.5

36

表布（正面）　鋪棉

胚布（背面）

10cm返口

表布貼上鋪棉，與胚布正面相對疊合，
預留返口後車縫。翻至正面，
剪去多餘鋪棉，縫合返口後進行壓線。

釦絆2片

0.5cm裝飾車縫

7.5

4

磁釦接縫位置

表布（正面）　正面

返口　鋪棉

裡布（背面）　縫合

前、後、側身

表布（正面）

鋪棉

胚布（背面）

正面

8cm返口

藏針縫

表布貼上鋪棉，
與胚布正面相對疊合，
預留返口後車縫。
剪去多餘鋪棉，翻至正面，
縫合返口後進行壓線。

作法

捲針縫

背面

①前片與側身，後片與側身
分別進行捲針縫。
縫時僅挑起表布。

前片（正面）　側身（正面）

側身（背面）　後片（背面）

①

①

②

②將①正面相對疊合進行捲針縫。

釦絆接縫位置

磁釦

凹面

背面

3

前中心

正面縫上磁釦的凸面

背面

2

後中心

背面進行藏針縫

提把的接縫方式

1

3

藏針縫

前、後片（背面）

袋口綁繩

包釦

捲針縫

長30cm麻布條

0.3

2.5

2

背面

以藏針縫固定襯布

側身中心

包釦4片（直接裁剪）

0.3

4

包釦芯

進行平針縫一圈，
放入包釦芯後拉緊縫線

●材料
各式拼接、貼布縫用布 側身用布（包括拉鍊側身、提把、耳絆部分）
40×35cm
鋪棉55×40cm 胚布45×40cm 寬4cm
斜紋布條（包括包釦部分）140cm
直徑2cm包釦芯4個 長30cm拉鍊1條
25號繡線、燭芯各適量

●製作順序
拼接前片與後片，再進行貼布縫與刺繡→貼上鋪棉，再與胚布疊合，疏縫後再進行壓線→側身也以相同方式壓線→製作拉鍊側身與耳絆→側身與拉鍊側身正面相對，夾入耳絆後車縫成輪狀→前片、後片與側身背面相對車縫，進行包邊→製作提把後接縫。

●完成尺寸　15.5×21×9cm

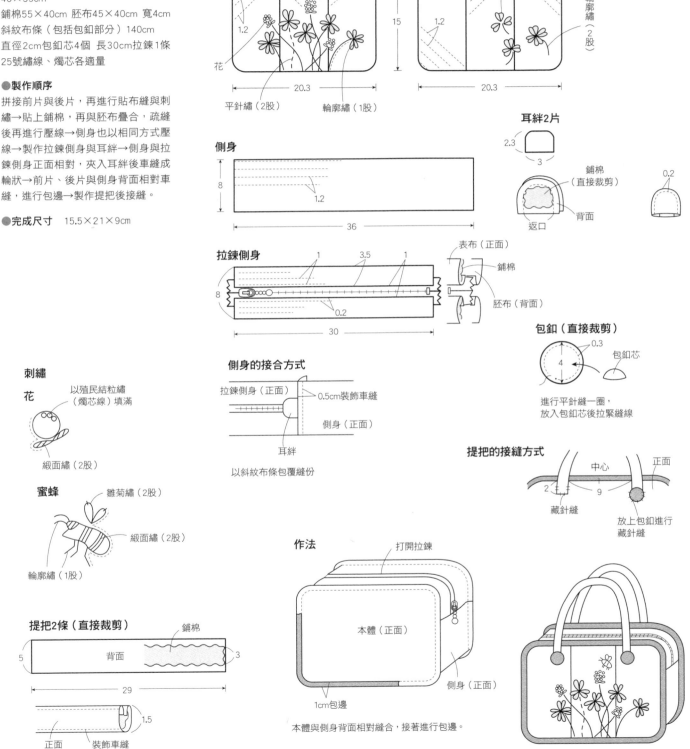

刺繡

花
以殖民結粒繡（燭芯線）填滿
緞面繡（2股）

蜜蜂
雛菊繡（2股）
緞面繡（2股）
輪廓繡（1股）

提把2條（直接裁剪）
鋪棉
背面
5
3
29
正面　裝飾車縫
1.5

前片
蜜蜂
平針繡（2股）
輪廓繡（1股）
花
20.3
15
1.2

後片
貼布縫
輪廓繡（2股）
1.2
20.3

側身
8
1.2
36

耳絆2片
2.3
3
鋪棉（直接裁剪）
背面
返口
0.2

拉鍊側身
1　3.5　1
8
0.2
30
表布（正面）
鋪棉
胚布（背面）

側身的接合方式
拉鍊側身（正面）
0.5cm裝飾車縫
側身（正面）
耳絆
以斜紋布條包覆縫份

包釦（直接裁剪）
0.3
4
包釦芯
進行平針縫一圈，放入包釦芯後拉緊縫線

提把的接縫方式
中心
正面
2　9
藏針縫
放上包釦進行藏針縫

作法
打開拉鍊
本體（正面）
側身（正面）
1cm包邊
本體與側身背面相對縫合，接著進行包邊。

●材料

各式拼接、貼布縫用布

小袋後片用布（包括大袋側身、貼布
縫、布環部分）65×30cm

大袋後片用布（包括拼接部分）
60×25cm 鋪棉、胚布各70×55cm

寬3.5cm斜紋布條110cm 長20cm、
25cm拉鍊各1條

直徑3.5cm鉤環2個 寬1cm可調整長度
肩帶1條 25號繡線適量

●製作順序

小袋前片進行貼布縫、大袋前片進行
拼接→表布貼上鋪棉，與胚布疊合，
疏縫後進行壓線→後片與側身也以相
同方式壓線→製作布環→車縫小袋的
尖褶→大小袋（大袋連用側身）都是
前片與後片正面相對車縫（布環於此
時夾入）→袋口進行包邊→安裝拉鍊
→鉤環穿過布環，並裝肩帶。

●製作重點

· 縫份以側身的胚布包覆處理。

●完成尺寸　19×28cm

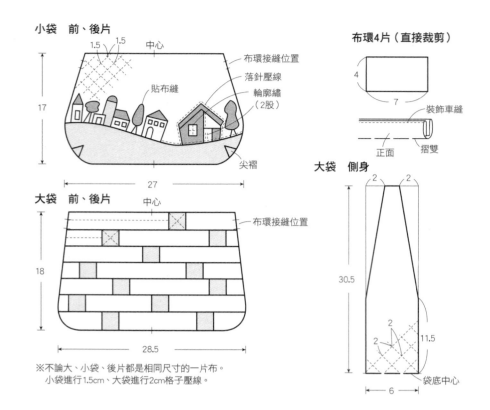

小袋　前、後片

貼布縫

布環接縫位置

落針壓線

輪廓繡
（2股）

尖褶

大袋　前、後片

布環接縫位置

※不論大、小袋，後片都是相同尺寸的一片布。
　小袋進行1.5cm、大袋進行2cm格子壓線。

布環4片（直接裁剪）

裝飾車縫

正面

摺雙

大袋　側身

袋底中心

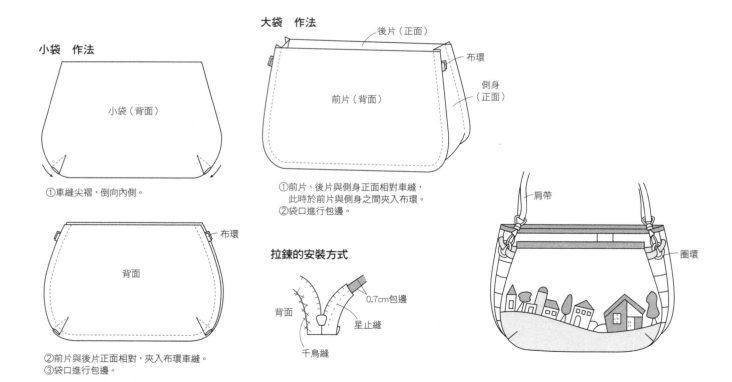

小袋　作法

小袋（背面）

①車縫尖褶，倒向內側。

背面

布環

②前片與後片正面相對，夾入布環車縫。
③袋口進行包邊。

大袋　作法

後片（正面）

布環

側身
（正面）

前片（背面）

①前片、後片與側身正面相對車縫，
　此時於前片與側身之間夾入布環。
②袋口進行包邊。

拉鍊的安裝方式

背面

0.7cm包邊

星止縫

千鳥縫

肩帶

圈環

88

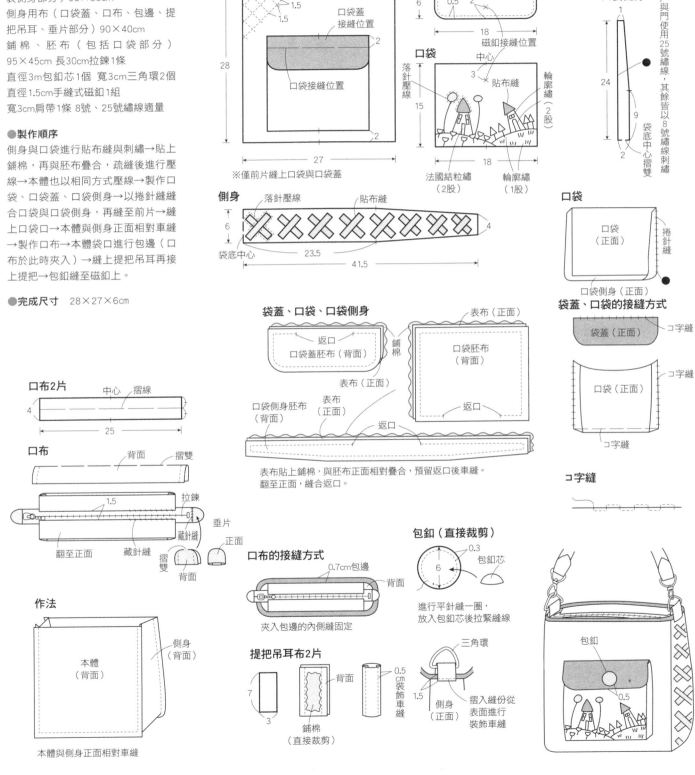

**●材料**
各式貼布縫用布 表布（包括口袋、口袋側身部分）90×35cm
側身用布（口袋蓋、口布、包邊、提把吊耳、垂片部分）90×40cm
鋪棉、胚布（包括口袋部分）95×45cm 長30cm拉鍊1條
直徑3m包釦芯1個 寬3cm三角環2個
直徑1.5cm手縫式磁釦1組
寬3cm肩帶1條 8號、25號繡線適量

**●製作順序**
側身與口袋進行貼布縫與刺繡→貼上鋪棉，再與胚布疊合，疏縫後進行壓線→本體也以相同方式壓線→製作口袋、口袋蓋、口袋側身→以捲針縫縫合口袋與口袋側身，再縫至前片→縫上口袋口→本體與側身正面相對車縫→製作口布→本體袋口進行包邊（口布於此時夾入）→縫上提把吊耳再接上提把→包釦縫至磁釦上。

**●完成尺寸** 28×27×6cm

●材料
各式貼布縫、布環用布 表布、鋪棉、
胚布各50×90cm 寬3.5cm斜紋布條
100cm
寬0.5cm織帶5cm 直徑0.5cm鈕釦30個
直徑3.5cm包釦芯2個
寬2cm長41cm皮革提把1條 長15cm與
45cm拉鍊各1條

●製作順序
表布進行貼布縫→胚布、鋪棉重疊於
前片，疏縫後進行壓線→後片是表布
下疊放鋪棉，再與胚布疊合，車縫口
袋的拉鍊口→剪切口，翻至正面，疏
縫後進行壓線→拉鍊口裝上拉鍊，口
袋縫至背面→前片與後片的袋口進行
包邊，裝上拉鍊→正面相對疊合，車
縫袋底→製作布環→縫合拉鍊側身與
袋底側身（布環於此時夾入）→車縫
兩脇邊→接縫提把→後片的拉鍊加上
吊飾。

●製作重點
・底部與脇邊的縫份以胚布包覆，側
身以胚布與同塊布的斜紋布條包覆處
理。

●完成尺寸　18×30×15cm

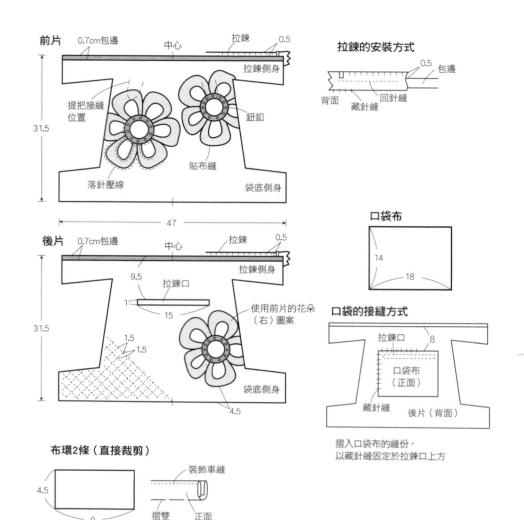

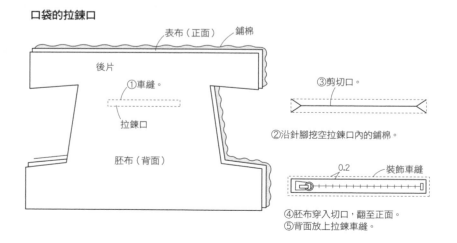

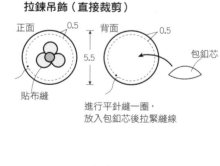

作法

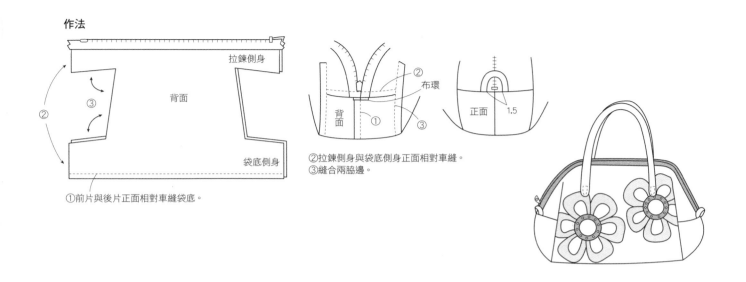

①前片與後片正面相對車縫袋底。

②拉鍊側身與袋底側身正面相對車縫。
③縫合兩脇邊。

拉鍊側身

背面

袋底側身

②

③

②

布環

背面

①

③

正面

1.5

〈 P.50 〉 長夾 ⋯⋯⋯⋯⋯⋯⋯⋯⋯⋯⋯⋯⋯⋯⋯⋯⋯⋯⋯⋯⋯⋯⋯⋯⋯⋯⋯⋯⋯⋯⋯⋯ 原寸紙型B面㉜

●材料
各式貼布縫用布 a布20×25cm b布
25×25cm 鋪棉、胚布各25×25cm
25號繡線適量 11×20.5cm長夾1個

●製作順序
a布上進行貼布縫→b布進行反向貼布
縫→與鋪棉及胚布疊合，疏縫後進行
壓線→摺入周圍的縫份整理，縫固定
於長夾上。

●製作重點
・配合長夾大小調整本體的尺寸。藏
針縫時使用曲針會比較好縫。

●完成尺寸　11×20.5cm

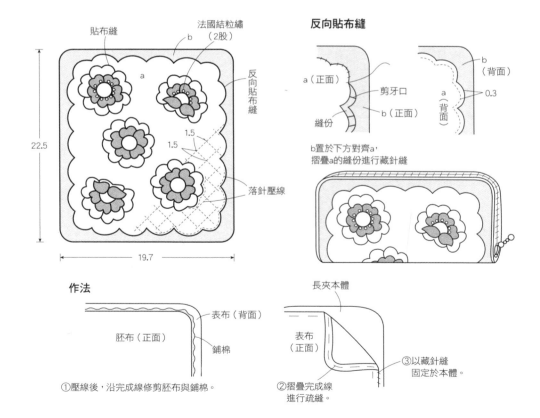

貼布縫

法國結粒繡
（2股）
b

a

反向貼布縫

22.5

1.5
1.5

19.7

落針壓線

反向貼布縫

a（正面）

剪牙口

b（正面）

縫份

b
（背面）

a
（背面）

0.3

b置於下方對齊a，
摺疊a的縫份進行藏針縫

作法

胚布（正面）

表布（背面）

鋪棉

①壓線後，沿完成線修剪胚布與鋪棉。

長夾本體

表布
（正面）

②摺疊完成線
進行疏縫。

③以藏針縫
固定於本體。

●材料

各式貼布縫用布（包括包釦部分）土台布55×30cm

表布（包括後片貼布縫、提把、釦絆部分）90×60cm 鋪棉90×45cm

胚布（包括口袋布、繩帶部分）90×60cm 長14cm拉鍊1條

直徑1.5cm手縫式磁釦1組 直徑2cm貝釦1個 直徑2.4cm包釦芯2個

鋅鉤1個 5號繡線適量

●製作順序

土台布進行貼布縫與刺繡→與表布相接，製作前片與後片→前片是鋪棉、胚布與表布疊合，疏縫後進行壓線→後片製作拉鍊口後進行壓線，組裝拉鍊與口袋布→製作提把、釦絆與繩帶→整理前片與後片的袋口（提把與釦絆於此時夾入）→車縫尖褶→前片與後片正面相對疊合車縫（夾入繩帶）→製作拉鍊吊飾後裝上。

●完成尺寸 30×37cm

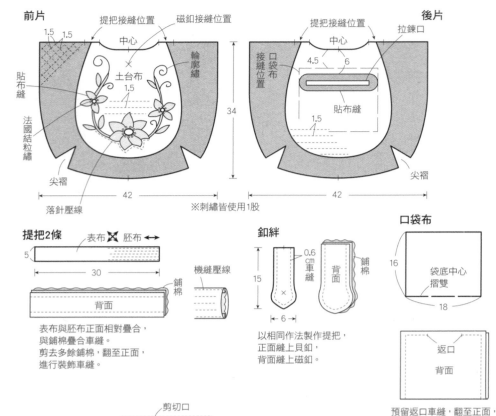

前片

後片

※刺繡皆使用1股

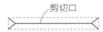

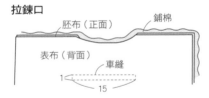

提把2條 表布🞩 胚布↔

表布與胚布正面相對疊合，與鋪棉疊合車縫。剪去多餘鋪棉，翻至正面，進行裝飾車縫。

釦絆

以相同作法製作提把，正面縫上貝釦，背面縫上磁釦。

口袋布

預留返口車縫，翻至正面，縫固定於後片（背面）

拉鍊口

①胚布下疊放鋪棉，再與表布正面相對疊合，車縫拉鍊口。

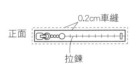

②挖空拉鍊口的鋪棉，剪切口。

③背面放上拉鍊，從表側車縫固定。
④口袋布以藏針縫固定於背面。

繩帶A、B各1條（直接裁剪）

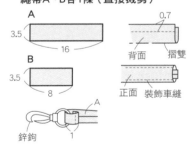

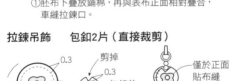

拉鍊吊飾 包釦2片（直接裁剪）

進行平針縫一圈，拉緊縫線

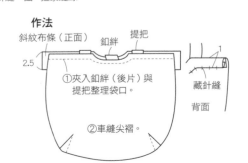

作法

①夾入釦絆（後片）與提把整理袋口。

②車縫尖褶。

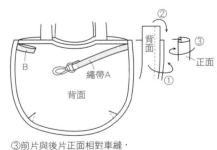

③前片與後片正面相對車縫，夾入繩帶，以斜紋布條包覆。

●**材料**
各式貼布縫用布（包括包釦部分） 表布、鋪棉、胚布各50×75cm
直徑1.3cm包釦芯12個 寬26.5cm附提把口金1個（手縫式）
8號繡線適量

●**製作順序**
前片與後片進行貼布縫→表布下疊放鋪棉，再與胚布正面相對疊合，車縫袋口→翻至正面，疏縫後進行壓線→車縫尖褶→暫時固定褶襉→縫上包釦→前片與後片正面相對車縫成袋狀→安裝口金。

●**製作重點**
· 車縫袋口後剪去多餘鋪棉。
· 縫份以胚布與同塊布的斜紋布條包覆處理。

●**完成尺寸** 30×39cm

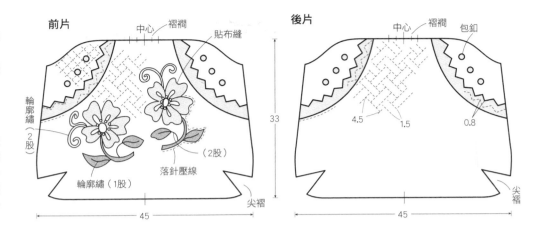

前片　中心　褶襉　貼布縫
輪廓繡（2股）
輪廓繡（1股）
落針壓線
（2股）
尖褶
45
33

後片　中心　褶襉　包釦
4.5　1.5　0.8
尖褶
45

**花卉刺繡**
以輪廓繡（1股）圍起，填滿裡面
法國結粒繡（2股）

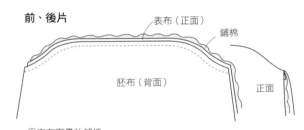

**前、後片**
表布（正面）
鋪棉
胚布（背面）
正面
背面

①表布下疊放鋪棉，再與胚布正面相對疊合，車縫袋口。剪去多餘鋪棉，翻至正面，進行壓線。
②車縫尖褶。

**褶襉的摺疊方式**
中心
正面　疏縫

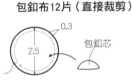

**包釦布12片（直接裁剪）**
0.3
2.5
包釦芯
進行平針縫一圈，放入包釦芯後拉緊縫線

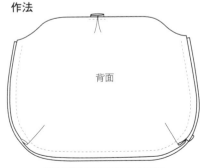

**作法**
背面
前片與後片正面相對疊合車縫，尖褶錯開倒下

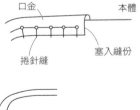

**口金的安裝方式**
口金　本體
捲針縫　塞入縫份
以鉗子夾緊口金兩端

## ●材料

各式貼布縫用布 表布、胚布各70×75cm 口布、極薄鋪棉各65×20cm
鋪棉70×60cm 底用厚黏著襯30×15cm 寬1cm長41cm皮革提把1組
5號繡線適量

## ●製作順序

前片與後片進行貼布縫與刺繡→貼上極薄鋪棉，與胚布疊合，疏縫後進行壓線→袋底貼上厚黏著襯，與胚布疊合，疏縫後進行壓線→製作口布，車縫成輪狀→前片與後片的底側摺疊褶襉，與袋底縫合→上方抓皺褶，接縫口布→口布翻至正面，袋口進行裝飾車縫→製作提把並接縫。

## ●製作重點

・袋口的皺褶是於縫份進行約1cm針目的平針縫，再配合口布緊縮。
・本體的縫份以胚布包覆處理。

## ●完成尺寸 31×40cm

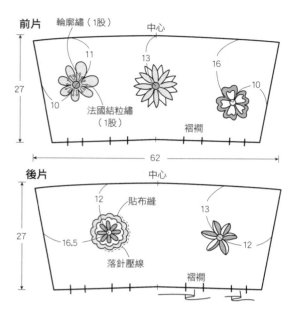

前片
輪廓繡（1股）
中心
11
13
16
10
10
法國結粒繡（1股）
27
褶襉
62

後片
中心
12
貼布縫
13
27
16.5
12
落針壓線
褶襉

口布2枚
8
60

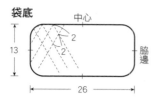

袋底
中心
2
2
13
脇邊
26

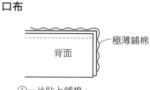

口布
極薄鋪棉
背面
①一片貼上鋪棉，
與另一片正面相對車縫袋口。

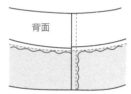

背面
②將①展開車縫成輪狀，
剪去多餘鋪棉。

## 作法

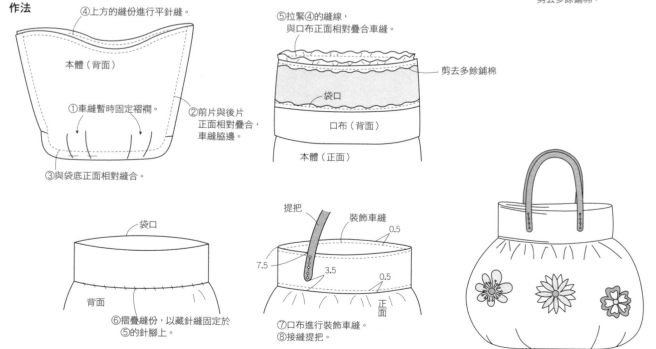

④上方的縫份進行平針縫。
本體（背面）
①車縫暫時固定褶襉。
②前片與後片正面相對疊合，車縫脇邊。
③與袋底正面相對縫合。

⑤拉緊④的縫線，與口布正面相對疊合車縫。
剪去多餘鋪棉
袋口
口布（背面）
本體（正面）

袋口
背面
⑥摺疊縫份，以藏針縫固定於⑤的針腳上。

提把
裝飾車縫
0.5
7.5
3.5
0.5
正面
⑦口布進行裝飾車縫。
⑧接縫提把。

●**材料**
各式貼布縫用布 表布（包括提帶部分）20×20cm
鋪棉、胚布、硬網紗各15×20cm 寬3.5cm斜紋布條70cm
寬0.5cm織帶7cm 直徑0.5cm鈕釦4個
鋅鉤1個

●**製作順序**
本體進行貼布縫→與鋪棉、胚布疊合，疏縫後進行壓線→製作繩帶→本體袋口進行包邊（夾入提帶與織帶）→口袋口進行包邊→本體與口袋背面相對車縫成袋狀後進行包邊。

●**完成尺寸** 14.5×10cm

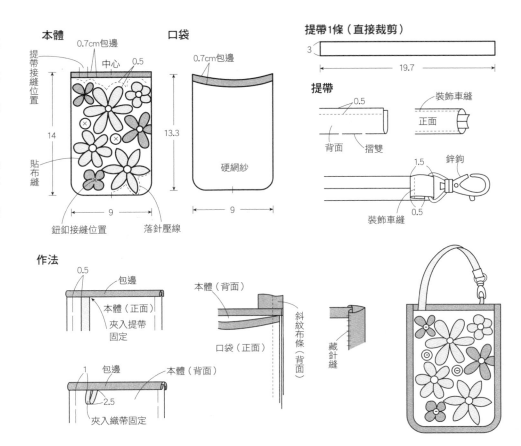

繡法

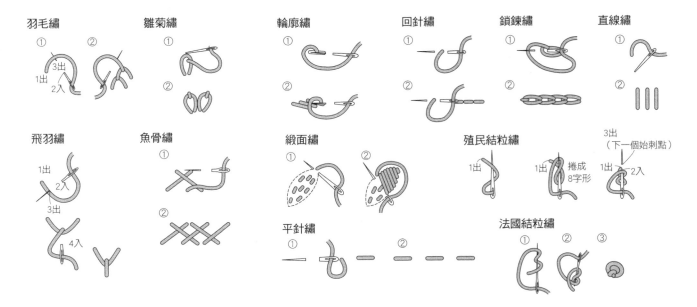

羽毛繡　雛菊繡　輪廓繡　回針繡　鎖鍊繡　直線繡
飛羽繡　魚骨繡　緞面繡　殖民結粒繡
平針繡　法國結粒繡

# 拼布基本技巧

## 拼布作法順序

### ❶車縫表層

表層是指表布，或是完成拼接、貼布繡、刺繡的表布。

### ❷進行疏縫
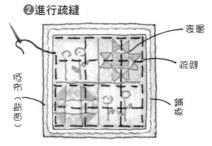

表層<br>疏縫<br>鋪棉<br>胚布（背面）

表層下疊放鋪棉與胚布，三層對齊進行疏縫。

### ❸進行壓線
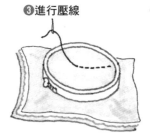

三層一起壓線。

### ❹組裝

包邊

組裝包包或拼布。

## ❶車縫表層

### 拼接布片

**珠針的固定方式**

布片正面相對，依縫線兩端→中心的順序，對準縫線垂直穿入珠針。布片較大時，可於珠針之間再等間距插針。

**縫法**

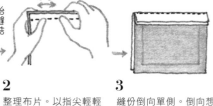

1~2針回針縫<br>止縫結<br>平針縫<br>始縫結

**1** 布片正面相對，沿縫線拼縫。

**2** 整理布片。以指尖輕輕將起皺的平針縫線撫平。

**3** 縫份倒向單側。倒向想要讓它浮起或深色的布片側。

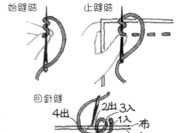

始縫結　止縫結<br>回針縫<br>4出 2出 3入 1入 布<br>5入 布

### 拼接的方式

**A. 由布端縫至布端**

若不需嵌鑲縫（參見B），就由布端縫至布端，完成拼接。始縫與止縫皆進行回針縫。

**B. 由記號縫至記號。**

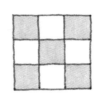

3片布片角接合的地方是由記號縫至記號的嵌鑲縫法。

**C. 由記號縫至布端**

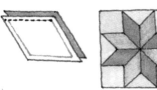

當有一邊的任一端為嵌鑲縫時，嵌鑲縫的這一側是由記號開始縫，另一側是縫至布端。

### 貼布縫

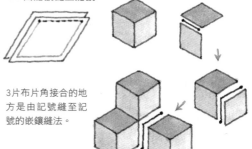

不摺入縫份

由最下層的依序往上縫。若上面會再疊放貼布縫布片，這個部分的縫份就不摺入。

**貼布縫**

**A. 作好形狀後縫合於土台布**

貼布縫布片（背面）<br>完成線<br>縫份

紙型（背面）<br>紙型

**1** 以平針縫貼布縫的縫份一圈。

**2** 放入紙型拉緊縫線，以熨斗整燙。取下紙型，以藏針縫縫合於土台布上。

**B. 一邊整理形狀一邊縫合**

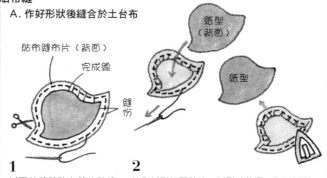

貼布縫布片（正面）<br>完成線<br>剪牙口<br>2入<br>3出 土台布<br>1出 貼布縫布片

貼布縫布片置於土台布上，以針尖摺疊縫份進行藏針縫固定於土台布。在凹處剪牙口。

## ❷進行疏縫

### 前置作業

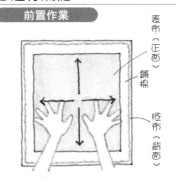

表布（正面）
鋪棉
胚布（背面）

依胚布、鋪棉、表布的順序重疊，以手撫平，中心向外側壓出空氣。

### 疏縫方式

使用長4.5～5cm較長粗針。

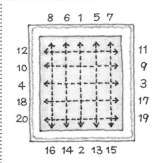

8 6 1 5 7
12 11
10 9
4 3
18 17
20 19
16 14 2 13 15

8 1 5
12 11
9
23 21 17 19
121
22 18
24 14 13 20
16 15
6 2 7

格狀疏縫時，格子的間距是大格子約10cm平方，小格子約5cm平方以內。

由中心向外側的放射狀疏縫。在疏縫對角線時，注意不要拉扯布。

### 鋪棉的接合方式

當鋪棉不夠大時，可接合起來使用。

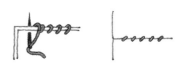

**1** 正面相對以粗針目捲針縫接合。

**2** 攤開，以手撫平接合處。

## ❸進行壓線

### 套入繡框

拼布框
表布

要壓線的3層稍微往下向按壓。

### 壓線的3層太小時

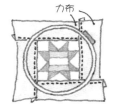

力布

可在周圍接縫力布

### 壓線方式

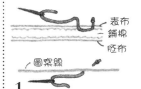

表布
鋪棉
胚布
圖案線

**1** 針穿線，打上始縫結，在稍偏離圖案線的位置入針，由圖案線出針。

表布
鋪棉
胚布

**2** 拉線將始縫結藏至表布下，縫一針回針縫後開始壓線。縫畢時也縫一針回針縫，打好止縫結後將針穿入同一針孔。

表布
鋪棉
胚布

**3** 在稍偏離的位置出針，拉線將止縫結藏至表布下。

## ❹組裝方式

包邊

### 包邊方式

斜紋布條（背面）

縫上斜紋布條

斜紋布條（正面）

藏針縫

反摺至正面，摺入縫份以藏針縫固定。

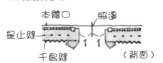

裝上拉鍊

### 斜紋布條

**手縫時**

**1** 將整理好布紋且裁成四方形的布片，斜向剪成含縫份寬度的布條。

以細針目接合

**2**

**車縫時**

**1** 將整理好布紋且裁成四方形的布片，沿對角線剪開。

車縫接合

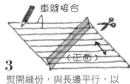

**3** 熨開縫份，與長邊平行，以含縫份的寬度剪開。

（正面）

布條寬度
（背面）
（背面）

**2** 如圖示正面相對重疊布片車縫接合。縫線要如圖示對齊，不可移位。

（背面）

**4** 製作長布條時，可錯開一層接合成輪狀，再以含縫份的寬度剪開，就變成一長條。

### 拉鍊的安裝方式

**直線接縫時**

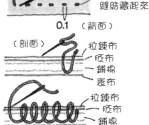

本體口　脇邊
星止縫
千鳥縫　（背面）

星止縫

在開始刺入處拉線將始縫結藏起來

0.1　（背面）

（剖面）
拉鍊布
胚布
鋪棉
表布

拉鍊布
胚布
鋪棉
表布

**曲線接縫時**

千鳥縫
星止縫

千鳥縫

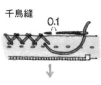

0.1

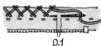

0.1

## 作者簡介

 信國安城子

パッチワークショップ＆スクール
Pincushion
http://www.huitpoints.com/shops/pincushion/

製作協力
田中和子

我在縫製包包、小物時，在考量形狀與大小的好用度之餘，也會帶入少許流行元素。雖然多半是使用先染布，但對於有特色的織布，或是不易穿線、容易綻線等難處理的布片也很感興趣。喜歡的顏色則是黑色系或百搭的藍灰色系。本書所介紹的是費心思於「可以簡單組裝」的作品。希望大家實際動手作並愉快的使用。若能得到各位喜愛，我將感到十分榮幸。

 東埜純子

キルトスタジオBe you
http://www3.kcn.ne.jp/~beyou/

製作協力（Be youスタッフ）
古川一予・田中美代子・池上邦子・池田孝子

古川一予・田中美代子・池上邦子・池田孝子從開始作拼布以來，一直記在心上的是，以自己的步調前進，作自己，而不是和他人比較。不刻意與眾不同，崇尚自然。用心作拼布，不是只講究技術，作品傳達出的韻味更為重要，之後也將抱持這樣的輕鬆自然態度。我想「樂在其中」才是第一吧！

 宮本邦子

キルト・ルーム　くうにん
http://www7a.biglobe.ne.jp/~kuunin/

製作協力
佐藤典子・水田和代・吉﨑明美

從小就看著祖母與母親拿針線的樣子，潛移默化下我也很十分喜歡作針線活。在作品的製作上，注重的是以典雅配色表現「大人可愛感」並兼顧實用性。目前於各地的活動中設攤，聽到有人說「我是くうにん的粉絲」，感到很開心，想要要繼續加油。如果在某處看到我，請一定要跟我打招呼。手作牽起的相遇，對我來說也是很大的喜悅。

### 原書製作團隊

| | |
|---|---|
| 攝　影／鈴木信行（P48） | 作　　法／橫田めぐみ |
| 　　　　山本和正 | 紙型描圖／共同工藝社 |
| 排　版／多田和子 | 編　　輯／惠中綾子 |
| 繪　圖／兒玉章子 | 　　　　　嘉部久實 |
| 　　　　三林よし子 | |
| 　　　　吉田ゆか | |

國家圖書館出版品預行編目(CIP)資料

心動瞬間!大人色の拼布日：43個外出必備的優雅拼布包 / 信國安城子, 東埜純子, 宮本邦子著；瞿中蓮譯.
-- 初版. -- 新北市：雅書堂文化, 2018.07
面；　公分. -- (拼布美學；35)
譯自：おとな色の手作りバッグ
ISBN 978-986-302-438-5(平裝)

1.拼布藝術 2.縫紉 3.手提袋

426.7　　　　　　　　　　　　107009212

PATCHWORK 拼布美學 35

# 心動瞬間！大人色の拼布日
## 43 個外出必備的優雅拼布包

| | |
|---|---|
| 作　　者／信國安城子・東埜純子・宮本邦子 | |
| 譯　　者／瞿中蓮 | |
| 發 行 人／詹慶和 | |
| 總 編 輯／蔡麗玲 | |
| 執行編輯／黃璟安 | |
| 編　　輯／蔡毓玲・劉蕙寧・陳姿伶・李宛真・陳昕儀 | |
| 執行美編／陳麗娜 | |
| 美術編輯／韓欣恬・周盈汝 | |
| 內頁排版／造極 | |
| 出 版 者／雅書堂文化事業有限公司 | |
| 發 行 者／雅書堂文化事業有限公司 | |
| 郵政劃撥帳號／18225950 | |
| 戶　　名／雅書堂文化事業有限公司 | |
| 地　　址／新北市板橋區板新路206號3樓 | |
| 電　　話／(02)8952-4078 | |
| 傳　　真／(02)8952-4084 | |
| 網　　址／www.elegantbooks.com.tw | |
| 電子信箱／elegant.books@msa.hinet.net | |

2018年7月初版一刷　定價420元

Lady Boutique Series No.4209
KAITEI BAN OTONAIRO NO TEZUKURI BAG
© 2016 Boutique-sha,Inc.
All rights reserved.
Original Japanese edition published in Japan by BOUTIQUE-SHA.
Chinese（in complex character）translation rights arranged with BOUTIQUE-SHA
through Keio Cultural Enterprise Co.,Ltd., New Taipei City,Taiwan

經銷／易可數位行銷股份有限公司
地址／新北市新店區寶橋路235巷6弄3號5樓
電話／(02)8911-0825　傳真／(02)8911-0801

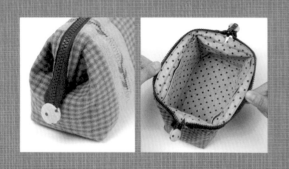

心動瞬間！
# 大人色の拼布日
43個外出必備的優雅拼布包

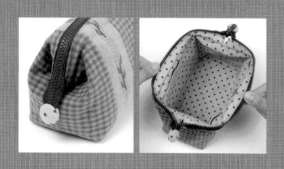